トコトン算数

小学2年の計算ドリル

文英堂

この 本の  組み立てと つかいかた

1 ～ 54	▶ れんしゅうもんだいで，1回分は 2ページです。おちついて，ていねいに 計算しましょう。
もんだい	▶ 計算の しかたを せつめいするための もんだいです。
かんがえかた	▶ 計算の しかたが，くわしく 書かれています。しっかり 読みましょう。
答え	▶ もんだい の 答えです。

● 計算は 算数の きほんです！

計算が できないと，文しょうだいの ときかたが わかっても 正しい 答えは 出せません。この 本は，算数の きほんと なる 計算力を アップさせ，しっかり みに つく ことを 考えて 作られています。

● 計画を 立てよう！

1回分は 2ページで，54回分 あります。同じような もんだいが あるので，くりかえし れんしゅうできます。むりの ない 計画を 立てて，べんきょうしましょう。

●「まとめ」の もんだいで おさらいしよう！

「まとめ」の もんだいで，べんきょうした ことの おさらいを しましょう。そして，どれだけ 計算できるように なったか たしかめましょう。

● 答え合わせを して，まちがい直しを しよう！

1回分が おわったら 答え合わせを して，まちがった もんだいは もういちど 計算しましょう。まちがった ままに しておくと，なんども 同じ まちがいを します。どこで まちがったか たしかめて おきましょう。

● とく点を きろくしよう！

この 本の うしろに ある「学しゅうの きろく」に，とく点を きろくしよう。そして，自分の にがてな ところを 見つけ，それを なくすように がんばろう。

もくじ

1 たし算(1)—①

もんだい 30 + 20 を 計算(けいさん)しましょう。

かんがえかた 10 が なんこ あるかを かんがえます。

30 は 10 が 3 こ，20 は 10 が 2 こ

あわせると，10 が 5 こに なります。

つまり，

$$30 + 20 = 50$$

答え 50

1 たし算(ざん)を しましょう。 [1 もん 4 点]

(1) 20 + 10　　(2) 40 + 30

(3) 10 + 10　　(4) 30 + 50

(5) 40 + 20　　(6) 30 + 40

(7) 60 + 20　　(8) 10 + 20

(9) 20 + 50　　(10) 50 + 30

べんきょうした日　月　日　時間 20分　合かく点 80点　答え べっさつ 3ページ　とく点　点　色をぬろう 60 80 100

2 たし算(ざん)を しましょう。

［1もん　3点］

(1) 10 + 40

(2) 40 + 50

(3) 20 + 60

(4) 30 + 30

(5) 80 + 10

(6) 70 + 30

(7) 10 + 70

(8) 50 + 20

(9) 40 + 40

(10) 10 + 50

(11) 20 + 30

(12) 60 + 30

(13) 60 + 10

(14) 20 + 80

(15) 50 + 40

(16) 20 + 40

(17) 70 + 20

(18) 10 + 60

(19) 30 + 60

(20) 90 + 10

2 たし算(1)──②

もんだい 32＋27を ひっ算で 計算しましょう。

かんがえかた 右の ように 位を そろえて たてに かき，一の 位から 計算します。

答え 59

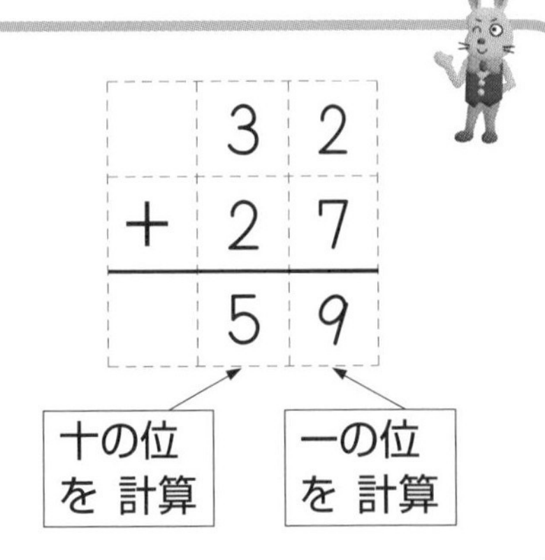

1 ひっ算で 計算しましょう。

［(1)～(5) 1もん 4点，(6)～(9) 1もん 5点］

(1)

	4	1
＋	2	5

(2)

	2	3
＋	7	2

(3)

	5	2
＋	3	4

(4)

	4	7
＋	3	1

(5)

	6	3
＋	2	4

(6)

	5	2
＋	2	6

(7)

	3	0
＋	4	4

(8)

	2	5
＋	4	3

(9)

	7	3
＋	1	6

べんきょうした日　月　日

時間 20分　合かく点 80点　答え べっさつ 3ページ

とく点　点

色をぬろう 60 80 100

ひっ算(さん)で 計算(けいさん)しましょう。 [1もん 4点]

(1)
	3	2
+	1	5

(2)
	2	4
+	5	1

(3)
	4	3
+	4	2

(4)
	7	6
+	2	1

(5)
	6	1
+	3	3

(6)
	5	5
+	1	4

(7)
	6	2
+	1	5

(8)
	5	0
+	4	5

(9)
	1	1
+	5	6

(10)
	3	8
+	5	1

(11)
	3	4
+	3	0

(12)
	2	3
+	6	5

(13)
	1	4
+	3	3

(14)
	8	0
+	1	8

(15)
	4	7
+	5	2

3 たし算(1)—③

ひっ算で 計算しましょう。

［1もん　3点］

(1)
$$\begin{array}{r} 21 \\ +\ 34 \\ \hline \end{array}$$

(2)
$$\begin{array}{r} 30 \\ +\ 49 \\ \hline \end{array}$$

(3)
$$\begin{array}{r} 55 \\ +\ 12 \\ \hline \end{array}$$

(4)
$$\begin{array}{r} 52 \\ +\ 45 \\ \hline \end{array}$$

(5)
$$\begin{array}{r} 41 \\ +\ 36 \\ \hline \end{array}$$

(6)
$$\begin{array}{r} 43 \\ +\ \ 5 \\ \hline \end{array}$$

(7)
$$\begin{array}{r} 62 \\ +\ 14 \\ \hline \end{array}$$

(8)
$$\begin{array}{r} 6 \\ +\ 31 \\ \hline \end{array}$$

(9)
$$\begin{array}{r} 37 \\ +\ 22 \\ \hline \end{array}$$

(10)
$$\begin{array}{r} 83 \\ +\ \ 4 \\ \hline \end{array}$$

(11)
$$\begin{array}{r} 63 \\ +\ 23 \\ \hline \end{array}$$

(12)
$$\begin{array}{r} 56 \\ +\ 22 \\ \hline \end{array}$$

(13)
$$\begin{array}{r} 34 \\ +\ 33 \\ \hline \end{array}$$

(14)
$$\begin{array}{r} 80 \\ +\ 18 \\ \hline \end{array}$$

(15)
$$\begin{array}{r} 47 \\ +\ 21 \\ \hline \end{array}$$

べんきょうした日　　月　　日

時間 20分　合かく点 80点　答え べっさつ 3ページ

とく点　　点

色をぬろう ☆60 ☆80 ☆100

ひっ算(さん)で 計算(けいさん)しましょう。

［(1)～(5)　1もん　3点，(6)～(15)　1もん　4点］

(1)
	4	3
＋	4	6

(2)
	3	4
＋	5	2

(3)
	5	0
＋	3	7

(4)
	2	8
＋	5	0

(5)
	7	8
＋		1

(6)
	7	1
＋	1	5

(7)
	4	5
＋	2	1

(8)
	1	2
＋	5	6

(9)
	2	6
＋	4	3

(10)
		7
＋	5	1

(11)
	2	4
＋	6	5

(12)
	7	1
＋	2	3

(13)
	4	5
＋	1	3

(14)
	6	1
＋	3	7

(15)
	1	2
＋	6	7

4 たし算(1)—④

もんだい 38＋27を ひっ算(さん)で 計算(けいさん)しましょう。

かんがえかた 一の位(くらい)は

8＋7＝15

十の位に 1 くり上(あ)げて,

1＋3＋2＝6

まとめると,

38＋27＝65

	1	
	3	8
＋	2	7
	6	5

答え 65

1 ひっ算で 計算しましょう。

[(1)～(5) 1もん 4点, (6)～(9) 1もん 5点]

(1)

	3	5
＋	4	6

(2)

	2	8
＋	3	9

(3)

	5	7
＋	2	5

(4)

	1	4
＋	5	7

(5)

	2	9
＋	4	3

(6)

	4	5
＋	3	8

(7)

	2	7
＋	5	6

(8)

	4	9
＋	1	2

(9)

	5	6
＋	3	8

べんきょうした日　月　日

時間 20分　合かく点 80点　答え べっさつ 4ページ

とく点　点

色をぬろう 60 80 100

ひっ算で計算しましょう。

［1もん　4点］

(1)
$$\begin{array}{r} 47 \\ +\ 27 \\ \hline \end{array}$$

(2)
$$\begin{array}{r} 62 \\ +\ 29 \\ \hline \end{array}$$

(3)
$$\begin{array}{r} 65 \\ +\ 19 \\ \hline \end{array}$$

(4)
$$\begin{array}{r} 64 \\ +\ \ 9 \\ \hline \end{array}$$

(5)
$$\begin{array}{r} 18 \\ +\ 45 \\ \hline \end{array}$$

(6)
$$\begin{array}{r} 37 \\ +\ 34 \\ \hline \end{array}$$

(7)
$$\begin{array}{r} 44 \\ +\ 18 \\ \hline \end{array}$$

(8)
$$\begin{array}{r} 19 \\ +\ 38 \\ \hline \end{array}$$

(9)
$$\begin{array}{r} 25 \\ +\ \ 7 \\ \hline \end{array}$$

(10)
$$\begin{array}{r} 58 \\ +\ 13 \\ \hline \end{array}$$

(11)
$$\begin{array}{r} 3 \\ +\ 39 \\ \hline \end{array}$$

(12)
$$\begin{array}{r} 78 \\ +\ 13 \\ \hline \end{array}$$

(13)
$$\begin{array}{r} 36 \\ +\ 56 \\ \hline \end{array}$$

(14)
$$\begin{array}{r} 46 \\ +\ 44 \\ \hline \end{array}$$

(15)
$$\begin{array}{r} 16 \\ +\ 77 \\ \hline \end{array}$$

5 たし算(1)—⑤

ひっ算(さん)で 計算(けいさん)しましょう。　[1もん　3点]

(1)
$$\begin{array}{r} 29 \\ +\ 18 \\ \hline \end{array}$$

(2)
$$\begin{array}{r} 37 \\ +\ 57 \\ \hline \end{array}$$

(3)
$$\begin{array}{r} 45 \\ +\ 45 \\ \hline \end{array}$$

(4)
$$\begin{array}{r} 33 \\ +\ 38 \\ \hline \end{array}$$

(5)
$$\begin{array}{r} 48 \\ +\ 24 \\ \hline \end{array}$$

(6)
$$\begin{array}{r} 4 \\ +\ 39 \\ \hline \end{array}$$

(7)
$$\begin{array}{r} 66 \\ +\ 25 \\ \hline \end{array}$$

(8)
$$\begin{array}{r} 47 \\ +\ 18 \\ \hline \end{array}$$

(9)
$$\begin{array}{r} 28 \\ +\ 36 \\ \hline \end{array}$$

(10)
$$\begin{array}{r} 57 \\ +\ 33 \\ \hline \end{array}$$

(11)
$$\begin{array}{r} 12 \\ +\ 49 \\ \hline \end{array}$$

(12)
$$\begin{array}{r} 69 \\ +\ 17 \\ \hline \end{array}$$

(13)
$$\begin{array}{r} 83 \\ +\ 9 \\ \hline \end{array}$$

(14)
$$\begin{array}{r} 44 \\ +\ 37 \\ \hline \end{array}$$

(15)
$$\begin{array}{r} 57 \\ +\ 16 \\ \hline \end{array}$$

べんきょうした日　　月　　日

時間 20分　合かく点 80点　答え べっさつ 4ページ

とく点　　点

色をぬろう 60 80 100

ひっ算(さん)で 計算(けいさん)しましょう。

[(1)〜(5) 1もん 3点, (6)〜(15) 1もん 4点]

(1)
	5	3
+		7

(2)
	1	7
+	7	5

(3)
	3	4
+	2	8

(4)
	3	9
+	4	9

(5)
	3	8
+	1	7

(6)
		6
+	4	7

(7)
	2	6
+	4	9

(8)
	7	2
+		8

(9)
	2	6
+	5	6

(10)
	1	6
+	6	8

(11)
	2	5
+	6	9

(12)
	7	4
+	1	6

(13)
	1	8
+	3	8

(14)
	2	7
+	2	4

(15)
	5	5
+	2	8

ひき算(1)──①

もんだい　70 − 20を 計算(けいさん)しましょう。

かんがえかた　10が なんこ あるかを かんがえます。

70は 10が 7こ，20は 10が 2こ

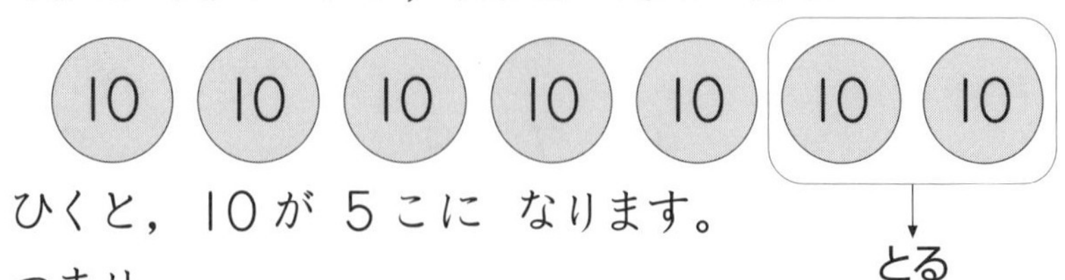

ひくと，10が 5こに なります。

つまり，

70 − 20 = 50

答え　50

1 ひき算(ざん)を しましょう。

［1もん　4点］

(1) 30 − 10　　(2) 40 − 30

(3) 20 − 10　　(4) 50 − 20

(5) 60 − 30　　(6) 40 − 20

(7) 70 − 30　　(8) 80 − 50

(9) 90 − 40　　(10) 60 − 20

べんきょうした日　月　日

時間 20分　合かく点 80点　答え べっさつ 4ページ

とく点　点

色をぬろう 60 80 100

ひき算(ざん)を しましょう。

［1もん　3点］

(1) 30 − 20　　(2) 60 − 10

(3) 70 − 40　　(4) 80 − 20

(5) 60 − 50　　(6) 50 − 30

(7) 80 − 40　　(8) 70 − 10

(9) 80 − 10　　(10) 60 − 40

(11) 80 − 30　　(12) 70 − 50

(13) 90 − 20　　(14) 50 − 40

(15) 90 − 50　　(16) 40 − 10

(17) 70 − 60　　(18) 90 − 30

(19) 90 − 60　　(20) 90 − 70

7 ひき算(1)──②

もんだい　56－24 を ひっ算(さん)で 計算(けいさん)しましょう。

かんがえかた　右の ように 位(くらい)を そろえて たてに かき，一の 位から 計算します。

答え　32

	5	6
－	2	4
	3	2

十の位を 計算　一の位を 計算

1 ひっ算で 計算しましょう。

[(1)～(5)　1もん　4点，(6)～(9)　1もん　5点]

(1)

	4	9
－	2	8

(2)

	8	3
－	3	2

(3)

	9	5
－	6	3

(4)

	7	9
－	6	7

(5)

	4	8
－	1	2

(6)

	7	3
－	2	3

(7)

	7	7
－	4	2

(8)

	6	9
－	5	1

(9)

	9	7
－	4	5

べんきょうした日　月　日　時間 20分　合かく点 80点　答え べっさつ 5ページ　とく点　点　色をぬろう 60 80 100

ひっ算で 計算しましょう。

［1もん　4点］

(1)
	5	6
−	3	2

(2)
	6	7
−	1	6

(3)
	6	3
−	4	0

(4)
	3	7
−		4

(5)
	2	3
−	2	1

(6)
	8	6
−	4	5

(7)
	9	5
−	3	4

(8)
	8	9
−	6	6

(9)
	4	6
−		3

(10)
	7	6
−	5	1

(11)
	8	8
−		6

(12)
	6	8
−	3	8

(13)
	4	7
−	4	3

(14)
	8	4
−	5	1

(15)
	5	9
−	5	2

ひき算(1)—③

ひっ算(さん)で 計算(けいさん)しましょう。　［1もん　3点］

(1)		3	6	(2)		4	8	(3)		5	4
	−	1	3		−	3	2		−	2	1
(4)		6	7	(5)		6	8	(6)		5	9
	−	5	2		−	1	4		−	3	9
(7)		3	7	(8)		4	8	(9)		4	6
	−	2	6		−	2	0		−	4	2
(10)		5	8	(11)		6	4	(12)		7	5
	−	4	6		−	2	4		−	4	3
(13)		6	6	(14)		9	5	(15)		8	8
	−	3	4		−		4		−	5	1

べんきょうした日　月　日　時間 20分　合かく点 80点　答え べっさつ 5ページ　とく点　点　色をぬろう 60 80 100

2 ひっ算で 計算しましょう。

[(1)～(5) 1もん 3点，(6)～(15) 1もん 4点]

(1)
$$\begin{array}{r} 74 \\ -\ 23 \\ \hline \end{array}$$

(2)
$$\begin{array}{r} 58 \\ -\ 15 \\ \hline \end{array}$$

(3)
$$\begin{array}{r} 76 \\ -\ 56 \\ \hline \end{array}$$

(4)
$$\begin{array}{r} 67 \\ -\ 44 \\ \hline \end{array}$$

(5)
$$\begin{array}{r} 79 \\ -\ 38 \\ \hline \end{array}$$

(6)
$$\begin{array}{r} 87 \\ -\ 31 \\ \hline \end{array}$$

(7)
$$\begin{array}{r} 41 \\ -\ 10 \\ \hline \end{array}$$

(8)
$$\begin{array}{r} 75 \\ -\ 12 \\ \hline \end{array}$$

(9)
$$\begin{array}{r} 84 \\ -\ 22 \\ \hline \end{array}$$

(10)
$$\begin{array}{r} 85 \\ -\ 41 \\ \hline \end{array}$$

(11)
$$\begin{array}{r} 79 \\ -\ 74 \\ \hline \end{array}$$

(12)
$$\begin{array}{r} 93 \\ -\ 43 \\ \hline \end{array}$$

(13)
$$\begin{array}{r} 89 \\ -\ 13 \\ \hline \end{array}$$

(14)
$$\begin{array}{r} 87 \\ -\ 67 \\ \hline \end{array}$$

(15)
$$\begin{array}{r} 98 \\ -\ 23 \\ \hline \end{array}$$

9 ひき算(1) — ④

もんだい 62 − 27を ひっ算(さん)で 計算(けいさん)しましょう。

かんがえかた 十の位(くらい)から 1

くり下(さ)げて 一の位は

$12 - 7 = 5$

62の 十の位の 6は 5になり，

$5 - 2 = 3$

まとめると，$62 - 27 = 35$

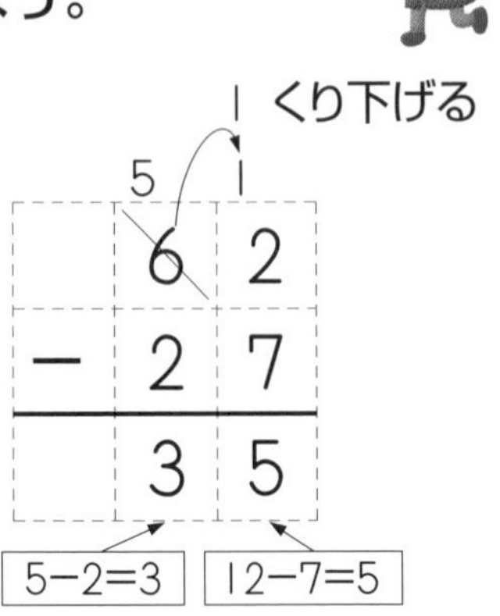

答え 35

1 ひっ算で 計算しましょう。

[(1)～(5) 1もん 4点，(6)～(9) 1もん 5点]

(1) $32 - 18$

(2) $43 - 16$

(3) $52 - 29$

(4) $56 - 17$

(5) $71 - 44$

(6) $65 - 49$

(7) $45 - 37$

(8) $76 - 38$

(9) $84 - 47$

べんきょうした日　月　日　時間 20分　合かく点 80点　答え べっさつ 5ページ　とく点　点　色をぬろう 60 80 100

2 ひっ算で 計算しましょう。 [1もん 4点]

(1) 51 − 36

(2) 64 − 38

(3) 44 − 26

(4) 70 − 24

(5) 73 − 57

(6) 68 − 19

(7) 37 − 28

(8) 81 − 25

(9) 92 − 46

(10) 63 − 59

(11) 81 − 73

(12) 93 − 28

(13) 84 − 35

(14) 56 − 49

(15) 97 − 39

10 ひき算(1) ── ⑤

1 ひっ算で 計算しましょう。 [1もん 3点]

(1)
```
  3 4
- 1 6
```

(2)
```
  4 6
- 2 7
```

(3)
```
  5 1
- 3 3
```

(4)
```
  6 2
- 3 6
```

(5)
```
  7 5
- 4 6
```

(6)
```
  5 3
- 2 8
```

(7)
```
  4 7
- 1 9
```

(8)
```
  5 6
- 1 8
```

(9)
```
  6 2
- 4 4
```

(10)
```
  6 4
- 5 7
```

(11)
```
  8 1
- 2 6
```

(12)
```
  7 3
-   9
```

(13)
```
  9 5
- 2 7
```

(14)
```
  8 2
- 4 8
```

(15)
```
  7 3
- 6 5
```

べんきょうした日　月　日　時間 20分　合かく点 80点　答え べっさつ 6ページ　とく点　点　色をぬろう 60 80 100

2 ひっ算で 計算しましょう。

［(1)～(5) 1もん 3点，(6)～(15) 1もん 4点］

(1) 81 − 15

(2) 63 − 14

(3) 52 − 47

(4) 75 − 29

(5) 91 − 18

(6) 67 − 28

(7) 53 − 6

(8) 72 − 39

(9) 84 − 55

(10) 91 − 47

(11) 74 − 19

(12) 96 − 38

(13) 92 − 55

(14) 81 − 39

(15) 94 − 78

11 「たし算(1)」「ひき算(1)」の まとめ —— ①

計算(けいさん)を しましょう。 [1もん 2点]

(1) 23 + 36　　(2) 48 − 37

(3) 32 − 18　　(4) 45 + 39

(5) 41 + 25　　(6) 35 − 23

(7) 38 + 47　　(8) 52 − 26

(9) 50 − 18　　(10) 26 + 46

(11) 60 + 34　　(12) 61 − 35

(13) 64 − 46　　(14) 36 + 53

(15) 62 − 23　　(16) 35 + 38

(17) 83 − 55　　(18) 24 + 57

(19) 38 + 29　　(20) 95 − 89

べんきょうした日　月　日　　時間 20分　合かく点 80点　答え べっさつ 6ページ　とく点　点　色をぬろう 60 80 100

計算を しましょう。

［1もん　3点］

(1) 61 − 14

(2) 17 + 55

(3) 26 + 64

(4) 54 − 38

(5) 49 + 47

(6) 97 − 27

(7) 72 − 29

(8) 58 + 30

(9) 52 + 16

(10) 57 + 29

(11) 88 − 24

(12) 73 − 37

(13) 68 + 23

(14) 89 − 33

(15) 51 − 42

(16) 79 + 15

(17) 13 + 49

(18) 78 − 49

(19) 68 + 18

(20) 85 − 68

「たし算(1)」「ひき算(1)」の まとめ ―― ②

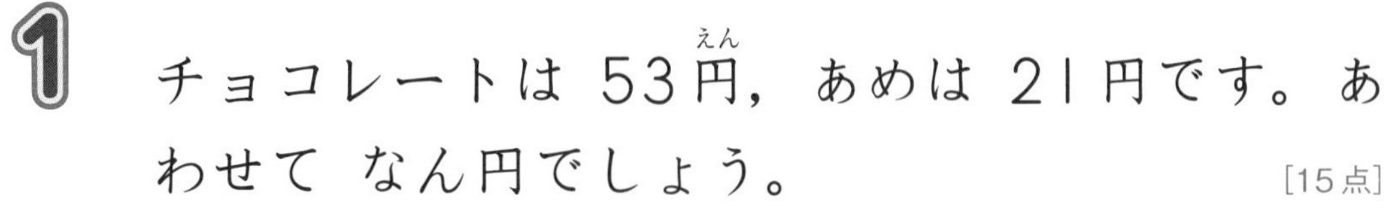

1 チョコレートは 53円，あめは 21円です。あわせて なん円でしょう。 [15点]

しき

答え

2 どんぐりを 67こ ひろいました。おとうとに 29こ あげました。のこりは なんこに なったでしょう。 [15点]

しき

答え

3 みつきさんの 学校の 2年生は，男の子が 28人，女の子が 29人です。2年生は みんなで なん人でしょう。 [15点]

しき

答え

べんきょうした日　月　日　時間 20分　合かく点 80点　答え べっさつ 7ページ　とく点　点　色をぬろう 60 80 100

96ページの 本を 67ページまで 読みました。のこりは なんページですか。　[15点]

しき

答え

5

ふたりで なわとびを しました。たかしくんは 58回，だいちくんは 81回 とびました。どちらが なん回 多く とんだでしょう。　[20点]

しき

答え

6

バスに おきゃくさんが 25人 のっていました。ていりゅうじょで 16人 のりました。つぎの ていりゅうじょで 12人 のりました。おきゃくさんは ぜんぶで なん人に なりましたか。　[20点]

しき

答え

計算の じゅんじょ―①

もんだい 男の子が 14人，女の子が 15人います。あわせて なん人でしょう。

かんがえかた 男の子と 女の子の 人数を あわせると，

14＋15＝29

女の子と 男の子の 人数を あわせると，

15＋14＝29

このように，たし算では，たされる数と たす数を いれかえて 計算しても 答えは 同じです。

答え 29人

1 つぎの たし算を して，たされる数と たす数を いれかえて 計算しても，答えが 同じに なることを たしかめましょう。 [1もん 4点]

(1) 4＋3　　(2) 3＋4

(3) 8＋6　　(4) 6＋8

(5) 20＋30　　(6) 30＋20

(7) 35＋24　　(8) 24＋35

(9) 43＋38　　(10) 38＋43

べんきょうした日　　月　　日

時間 20分　合かく点 80点　答え べっさつ 7ページ

とく点　　点

色をぬろう 60 80 100

たし算を しましょう。

［1もん　3点］

(1) $2+7$

(2) $7+2$

(3) $5+9$

(4) $9+5$

(5) $40+30$

(6) $30+40$

(7) $60+20$

(8) $20+60$

(9) $34+23$

(10) $23+34$

(11) $18+71$

(12) $71+18$

(13) $37+25$

(14) $25+37$

(15) $53+39$

(16) $39+53$

(17) $47+26$

(18) $26+47$

(19) $68+29$

(20) $29+68$

14 計算の じゅんじょ―②

もんだい　つぎの 計算(けいさん)を しましょう。

(1) $(23-8)-6$　　(2) $23-(8-6)$

かんがえかた　(　)の ついた 計算では，(　)の なかを さきに 計算します。

(1) $(23-8)-6=15-6=9$

(2) $23-(8-6)=23-2=21$

答え　(1) 9　　(2) 21

1 計算を しましょう。

［1もん　4点］

(1) $(7+6)+4$　　(2) $18-(4+9)$

(3) $8+(4-2)$　　(4) $(15-9)-4$

(5) $15+(32-28)$　　(6) $26-(17+3)$

(7) $(32+14)+26$　　(8) $(43-24)-16$

(9) $(51-28)+13$　　(10) $65-(32-29)$

べんきょうした日　　月　　日

時間 20分　合かく点 80点　答え べっさつ 8ページ

とく点　　点

色をぬろう 60 80 100

2 計算(けいさん)を しましょう。

［1もん　3点］

(1) $4 + 8 + 3$

(2) $4 + (8 + 3)$

(3) $9 - (4 + 3)$

(4) $9 - 4 + 3$

(5) $9 - 4 - 3$

(6) $9 - (4 - 3)$

(7) $35 - (18 + 12)$

(8) $35 - 18 + 12$

(9) $35 - 18 - 12$

(10) $35 - (18 - 12)$

(11) $(25 + 16) + 31$

(12) $52 + (36 - 24)$

(13) $48 - (24 - 12)$

(14) $(75 + 16) - 84$

(15) $64 - (26 + 31)$

(16) $51 + (64 - 47)$

(17) $(46 + 17) - 24$

(18) $38 - (41 - 26)$

(19) $(62 - 34) + 16$

(20) $83 - (45 + 36)$

15 計算の じゅんじょ—③

もんだい 23＋28＋12を 計算しましょう。

かんがえかた 3つの 数の たし算では，まえの 2つを さきに 計算しても，うしろの 2つを さきに 計算しても，答えは 同じです。

23＋28＋12＝51＋12＝63

23＋28＋12＝23＋40＝63

この 計算では，うしろの 2つを 計算すると，一の位が 0に なるので，かんたんに 計算できます。

答え 63

1 くふうして 計算しましょう。 [1もん 4点]

(1) 8＋3＋7

(2) 6＋4＋8

(3) 8＋2＋6

(4) 9＋5＋5

(5) 27＋2＋18

(6) 21＋7＋13

(7) 14＋6＋25

(8) 3＋29＋11

(9) 31＋19＋27

(10) 37＋15＋25

べんきょうした日　月　日　時間 20分　合かく点 80点　答え べっさつ 8ページ　とく点　点　色をぬろう 60 80 100

計算(けいさん)を しましょう。　[1もん 3点]

(1) $8+2+2$　(2) $3+1+9$

(3) $7+2+8$　(4) $4+5+5$

(5) $7+13+8$　(6) $9+19+1$

(7) $23+17+18$　(8) $16+26+14$

(9) $15+24+36$　(10) $32+18+15$

(11) $24+11+19$　(12) $33+17+19$

(13) $46+8+12$　(14) $16+16+14$

(15) $37+23+16$　(16) $15+25+18$

(17) $23+32+18$　(18) $19+39+11$

(19) $22+24+16$　(20) $17+28+22$

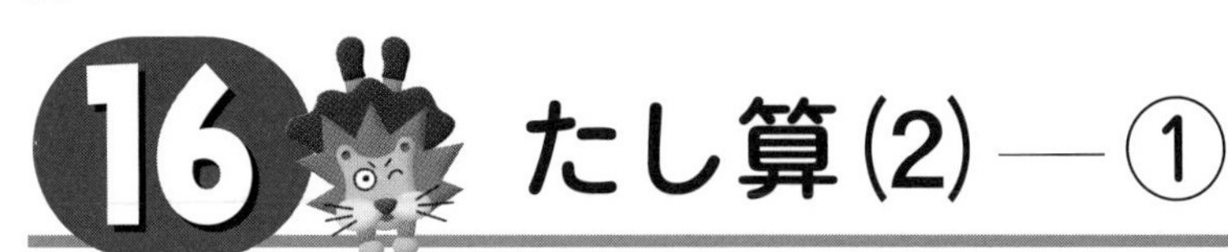

16 たし算(2)——①

もんだい 70＋50を 計算しましょう。

かんがえかた 10が なんこ あるかを かんがえます。

70は 10が 7こ，50は 10が 5こ

10 10 10 10 10 10 10

10 10 10 10 10

あわせると，10が 12こに なります。

つまり，70＋50＝120

答え 120

1 たし算を しましょう。

［1もん 4点］

(1) 60＋80

(2) 50＋60

(3) 90＋40

(4) 70＋90

(5) 80＋70

(6) 90＋20

(7) 40＋80

(8) 30＋80

(9) 90＋60

(10) 80＋50

べんきょうした日　月　日

時間 20分　合かく点 80点　答え べっさつ 9ページ　とく点　点　色をぬろう 60 80 100

2 たし算(ざん)を しましょう。

［1もん　3点］

(1) 70 + 40　　(2) 60 + 70

(3) 80 + 60　　(4) 50 + 80

(5) 40 + 70　　(6) 70 + 80

(7) 90 + 70　　(8) 60 + 50

(9) 60 + 60　　(10) 80 + 40

(11) 90 + 50　　(12) 80 + 80

(13) 30 + 90　　(14) 70 + 60

(15) 80 + 90　　(16) 50 + 90

(17) 60 + 90　　(18) 50 + 70

(19) 90 + 90　　(20) 70 + 70

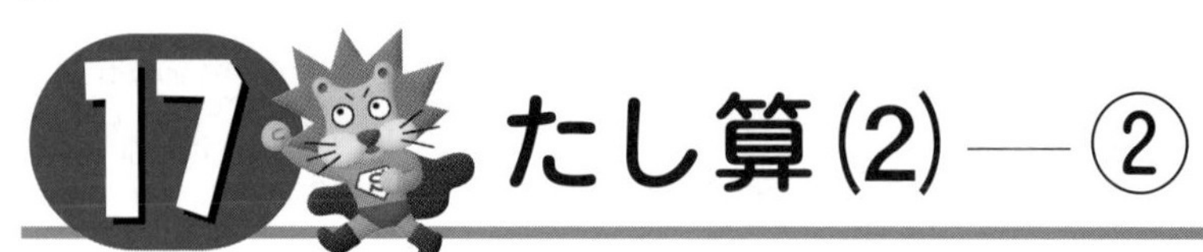

17 たし算(2)—②

もんだい 54＋63を ひっ算で 計算しましょう。

かんがえかた 一の位から 計算します。

十の位の 計算は，

5＋6＝11

で，百の位に 1 くり上がります。

答え 117

		5	4
＋		6	3
	1	1	7

百の位に
くり上がる

1 ひっ算で 計算しましょう。

［1もん 5点］

(1)

		7	2
＋		5	7

(2)

		8	1
＋		5	5

(3)

		2	3
＋		9	4

(4)

		7	5
＋		6	3

(5)

		7	1
＋		8	3

(6)

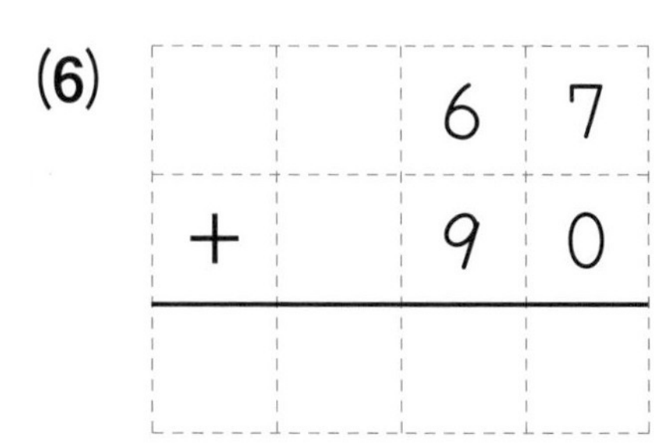

		6	7
＋		9	0

べんきょうした日　　月　　日

時間 20分　合かく点 80点　答え べっさつ9ページ　とく点　　点

色をぬろう 60 80 100

2 ひっ算で 計算しましょう。

[1もん　7点]

(1)
```
  3 4
+ 8 2
-----
```

(2)
```
  6 5
+ 6 4
-----
```

(3)
```
  9 4
+ 5 5
-----
```

(4)
```
  5 2
+ 8 3
-----
```

(5)
```
  3 2
+ 9 2
-----
```

(6)
```
  8 4
+ 2 4
-----
```

(7)
```
  4 0
+ 7 6
-----
```

(8)
```
  7 3
+ 9 2
-----
```

(9)
```
  5 8
+ 7 1
-----
```

(10)
```
  9 3
+ 9 1
-----
```

18 たし算(2)—③

1 ひっ算(さん)で 計算(けいさん)しましょう。 [1もん 5点]

(1)

		8	2
+		4	5

(2)

		2	3
+		8	3

(3)

		8	4
+		9	1

(4)

		7	2
+		7	6

(5)

		9	6
+		3	3

(6)

		4	3
+		8	5

(7)

		6	1
+		8	2

(8)

		5	2
+		9	4

(9)

		6	0
+		4	3

(10)

		8	1
+		3	1

2 ひっ算で 計算しましょう。

[1もん 5点]

(1)

		6	1
+		7	6

(2)

		8	3
+		8	6

(3)

		7	7
+		3	1

(4)

		4	2
+		6	1

(5)

		4	3
+		9	0

(6)

		9	5
+		8	2

(7)

		8	1
+		6	4

(8)

		9	0
+		2	4

(9)

		7	6
+		4	2

(10)

		9	6
+		7	1

19 たし算(2)—④

1 ひっ算で 計算しましょう。 [1もん 5点]

(1)

		7	4
+		5	8

(2)

		9	7
+		3	6

(3)

		8	6
+		8	7

(4)

		5	8
+		7	3

(5)

		2	4
+		9	9

(6)

		6	2
+		7	8

(7)

		9	5
+		6	7

(8)

		7	9
+		8	5

(9)

		4	6
+		9	4

(10)

		8	6
+		4	5

べんきょうした日　月　日

時間 20分　合かく点 80点　答え べっさつ 10ページ

とく点　点

色をぬろう 60 80 100

ひっ算で 計算しましょう。 [1もん　5点]

(1)

		5	9
+		6	2

(2)

		6	8
+		6	4

(3)

		7	3
+		9	8

(4)

		8	7
+		6	5

(5)

		2	5
+		8	5

(6)

		8	9
+		7	6

(7)

		9	6
+		8	5

(8)

		8	7
+		3	9

(9)

		5	7
+		9	3

(10)

		9	8
+		5	7

20 たし算(2)――⑤

1 ひっ算で 計算しましょう。

［1もん　5点］

(1)
```
   9 3
+  2 4
------
```

(2)
```
   5 6
+  8 6
------
```

(3)
```
   4 3
+  7 9
------
```

(4)
```
   9 8
+  4 8
------
```

(5)
```
   7 6
+  4 1
------
```

(6)
```
   6 4
+  8 2
------
```

(7)
```
   8 4
+  9 7
------
```

(8)
```
   3 2
+  9 5
------
```

(9)
```
   6 7
+  4 8
------
```

(10)
```
   8 1
+  5 8
------
```

べんきょうした日　月　日　時間 20分　合かく点 80点　答え べっさつ10ページ　とく点　点　色をぬろう 60 80 100

ひっ算で 計算しましょう。

[1もん　5点]

(1)
$$\begin{array}{r} 15 \\ +\ 93 \\ \hline \end{array}$$

(2)
$$\begin{array}{r} 69 \\ +\ 54 \\ \hline \end{array}$$

(3)
$$\begin{array}{r} 37 \\ +\ 81 \\ \hline \end{array}$$

(4)
$$\begin{array}{r} 65 \\ +\ 98 \\ \hline \end{array}$$

(5)
$$\begin{array}{r} 97 \\ +\ 74 \\ \hline \end{array}$$

(6)
$$\begin{array}{r} 72 \\ +\ 61 \\ \hline \end{array}$$

(7)
$$\begin{array}{r} 31 \\ +\ 75 \\ \hline \end{array}$$

(8)
$$\begin{array}{r} 48 \\ +\ 85 \\ \hline \end{array}$$

(9)
$$\begin{array}{r} 78 \\ +\ 72 \\ \hline \end{array}$$

(10)
$$\begin{array}{r} 96 \\ +\ 98 \\ \hline \end{array}$$

21 ひき算(2)――①

もんだい 120 − 40を 計算(けいさん)しましょう。

かんがえかた 10が なんこ あるかを かんがえます。

120は 10が 12こ，40は 10が 4こ

ひくと，10が 8こに なります。

これより，

120 − 40 = 80

答え 80

1 ひき算(ざん)を しましょう。

[1もん 4点]

(1) 110 − 20　　(2) 130 − 50

(3) 110 − 70　　(4) 140 − 80

(5) 150 − 70　　(6) 160 − 90

(7) 120 − 80　　(8) 130 − 70

(9) 150 − 90　　(10) 170 − 80

べんきょうした日　　月　　日　時間 20分　合かく点 80点　答え べっさつ 10ページ　とく点　　点　色をぬろう 60 80 100

ひき算を しましょう。

［1もん　3点］

(1) 110 − 50

(2) 140 − 60

(3) 120 − 90

(4) 150 − 60

(5) 130 − 80

(6) 170 − 90

(7) 110 − 80

(8) 120 − 60

(9) 130 − 40

(10) 110 − 30

(11) 140 − 90

(12) 160 − 80

(13) 130 − 60

(14) 140 − 50

(15) 120 − 70

(16) 130 − 90

(17) 110 − 40

(18) 160 − 70

(19) 110 − 60

(20) 150 − 80

22 ひき算(2)—②

もんだい 125－42を ひっ算で 計算しましょう。

かんがえかた 一の位から 計算します。
十の位の 計算は，百の位から
1くり下げて
12－4＝8

答え 83

百の位から
1くり下げる

		1	
	~~1~~	2	5
－		4	2
		8	3

1 ひっ算で 計算しましょう。

［1もん 5点］

(1)

	1	1	7
－		6	5

(2)

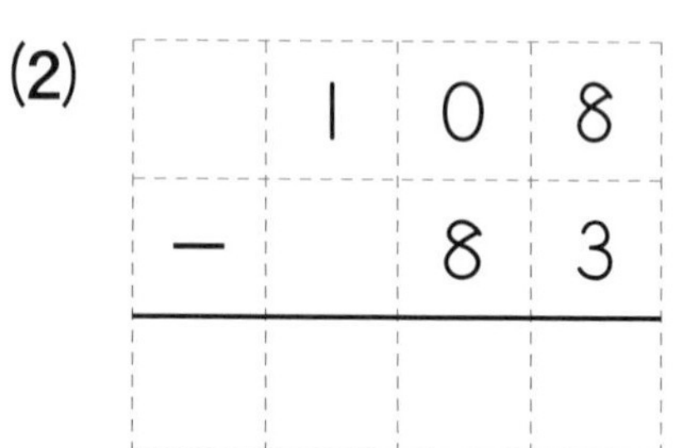

	1	0	8
－		8	3

(3)

	1	3	6
－		7	3

(4)

	1	5	3
－		8	2

(5)

	1	4	4
－		6	4

(6)

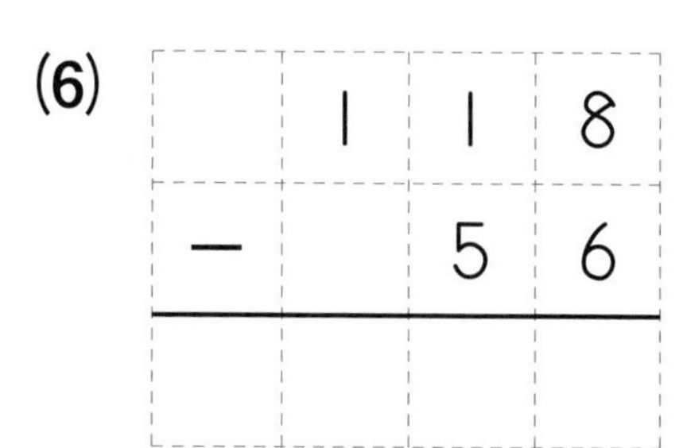

	1	1	8
－		5	6

べんきょうした日　月　日　時間 20分　合かく点 80点　答え べっさつ 11ページ　とく点　点　色をぬろう 60 80 100

2 ひっ算で 計算しましょう。 [1もん 7点]

(1)
```
  137
-  52
```

(2)
```
  164
-  92
```

(3)
```
  124
-  61
```

(4)
```
  179
-  87
```

(5)
```
  127
-  54
```

(6)
```
  156
-  75
```

(7)
```
  129
-  84
```

(8)
```
  145
-  81
```

(9)
```
  109
-  42
```

(10)
```
  167
-  87
```

23 ひき算(2)—③

1 ひっ算で 計算しましょう。

[1もん　5点]

(1)

	1	1	4
−		3	3

(2)

	1	3	5
−		9	5

(3)

	1	7	7
−		9	1

(4)

	1	6	5
−		7	4

(5)

	1	2	2
−		7	1

(6)

	1	4	9
−		9	6

(7)

	1	3	5
−		6	3

(8)

	1	1	8
−		8	2

(9)

	1	0	6
−		7	2

(10)

	1	2	8
−		9	5

べんきょうした日　月　日　時間 20分　合かく点 80点　答え べっさつ 11ページ　とく点　点　色をぬろう 60 80 100

2 ひっ算で 計算しましょう。［1もん　5点］

(1)

	1	4	6
−		5	4

(2)

	1	5	7
−		9	3

(3)

	1	1	3
−		7	1

(4)

	1	0	2
−		3	2

(5)

	1	4	8
−		7	4

(6)

	1	8	6
−		9	0

(7)

	1	2	7
−		3	6

(8)

	1	1	9
−		4	5

(9)

	1	3	8
−		8	0

(10)

	1	5	9
−		6	3

ひき算(2)—④

ひっ算で 計算しましょう。　[1もん　5点]

(1)

	1	4	3
−		5	6

(2)

	1	2	1
−		7	4

(3)

	1	1	2
−		5	8

(4)

	1	5	3
−		8	9

(5)

	1	3	5
−		9	7

(6)

	1	6	4
−		7	8

(7)

	1	2	6
−		2	8

(8)

	1	3	2
−		5	5

(9)

	1	5	1
−		7	6

(10)

	1	7	0
−		9	8

べんきょうした日　月　日

時間 20分　合かく点 80点　答え べっさつ 11ページ

とく点　点

色をぬろう 60 80 100

2 ひっ算で 計算しましょう。

［1もん　5点］

(1)
$$\begin{array}{r} 124 \\ -\ \ 45 \\ \hline \end{array}$$

(2)
$$\begin{array}{r} 112 \\ -\ \ 87 \\ \hline \end{array}$$

(3)
$$\begin{array}{r} 150 \\ -\ \ 63 \\ \hline \end{array}$$

(4)
$$\begin{array}{r} 146 \\ -\ \ 79 \\ \hline \end{array}$$

(5)
$$\begin{array}{r} 121 \\ -\ \ 58 \\ \hline \end{array}$$

(6)
$$\begin{array}{r} 173 \\ -\ \ 78 \\ \hline \end{array}$$

(7)
$$\begin{array}{r} 134 \\ -\ \ 67 \\ \hline \end{array}$$

(8)
$$\begin{array}{r} 117 \\ -\ \ 39 \\ \hline \end{array}$$

(9)
$$\begin{array}{r} 123 \\ -\ \ 95 \\ \hline \end{array}$$

(10)
$$\begin{array}{r} 112 \\ -\ \ 79 \\ \hline \end{array}$$

25 ひき算(2) — ⑤

もんだい 102 − 45を ひっ算で 計算しましょう。

かんがえかた 102の 十の位は 0 だから，百の位から 十の位，一の位へと じゅんに くり下げて 計算します。

答え 57

百の位から じゅんに くり下げる

	1	0	2
−		4	5
		5	7

9−4=5　12−5=7

1 ひっ算で 計算しましょう。

［1もん 5点］

(1)

	1	0	1
−		2	5

(2)

	1	0	2
−		6	4

(3)

	1	0	4
−		8	9

(4)

	1	0	0
−		5	7

(5)

	1	0	3
−		7	4

(6)

	1	0	5
−		9	8

べんきょうした日　月　日

時間 20分　合かく点 80点　答え べっさつ 11ページ

とく点　点

色をぬろう 60 80 100

2 ひっ算で 計算しましょう。

[1もん　7点]

(1)

	1	4	1
−		8	3

(2)

	1	2	5
−		6	6

(3)

	1	3	5
−		7	9

(4)

	1	1	3
−		6	7

(5)

	1	7	1
−		8	9

(6)

	1	5	4
−		5	6

(7)

	1	3	0
−		8	6

(8)

	1	6	1
−		9	7

(9)

	1	4	2
−		6	3

(10)

	1	6	0
−		7	5

26 「たし算(2)」「ひき算(2)」の まとめ ── ①

計算(けいさん)を しましょう。 [1もん 2点]

(1) 73 + 51　　(2) 129 − 51

(3) 154 − 89　　(4) 64 + 96

(5) 45 + 76　　(6) 143 − 57

(7) 84 + 79　　(8) 147 − 73

(9) 108 − 35　　(10) 36 + 69

(11) 72 + 87　　(12) 132 − 57

(13) 142 − 94　　(14) 82 + 49

(15) 164 − 87　　(16) 63 + 68

(17) 173 − 98　　(18) 93 + 17

(19) 48 + 87　　(20) 101 − 76

べんきょうした日　　月　　日

時間 20分　合かく点 80点　答え べっさつ 12ページ

とく点　　点

色をぬろう 60 80 100

2 計算を しましょう。

[1もん　3点]

(1) 114 − 83　　(2) 71 + 78

(3) 96 + 57　　(4) 135 − 39

(5) 66 + 58　　(6) 159 − 74

(7) 134 − 88　　(8) 94 + 35

(9) 80 + 86　　(10) 56 + 96

(11) 127 − 75　　(12) 156 − 67

(13) 37 + 84　　(14) 176 − 81

(15) 106 − 59　　(16) 89 + 62

(17) 59 + 87　　(18) 125 − 45

(19) 89 + 15　　(20) 102 − 93

「たし算(2)」「ひき算(2)」の まとめ ―― ②

1 日よう日の 親子遠足に，おとなが 67人，子どもが 54人 さんかしました。みんなで なん人 さんかしたでしょう。 ［15点］

しき

答え

2 144ページの 本を 読んでいます。これまでに 87ページまで 読みました。のこりは なんページでしょう。 ［15点］

しき

答え

3 うんどう会で 白組の ここまでの とく点は，87点です。今，18点 はいりました。あわせて なん点に なったでしょう。 ［15点］

しき

答え

べんきょうした日　月　日　時間 20分　合かく点 80点　答え べっさつ 12ページ　とく点　点　色をぬろう 60 80 100

4 1こ 63円の けしごむを 買いました。100円 だすと，おつりは いくらでしょう。 [15点]

しき

答え

5 88円の ジュースと 105円の ジュースが あります。ちがいは なん円でしょう。 [20点]

しき

答え

6 みゆうさんは 53こ，みひろさんは 45こ，みつきさんは 37こ おはじきを もっています。3人 あわせて，おはじきは なんこ あるでしょう。 [20点]

しき

答え

28 3けたの 計算 ― ①

もんだい 500＋200 を 計算(けいさん)しましょう。

かんがえかた 100が なんこ あるかを かんがえます。

500は 100が 5こ，200は 100が 2こです。

100 100 100 100 100　100 100

あわせると，100が 7こに なります。

つまり，

500＋200＝700

答え 700

1 たし算(ざん)を しましょう。 ［1もん 5点］

(1) 200＋300　　(2) 100＋500

(3) 800＋100　　(4) 500＋300

(5) 400＋300　　(6) 700＋200

(7) 600＋200　　(8) 300＋300

(9) 500＋400　　(10) 200＋400

べんきょうした日　月　日

時間 20分　合かく点 80点　答え べっさつ13ページ　とく点　点　色をぬろう 60 80 100

もんだい　700 − 300 を 計算(けいさん)しましょう。

かんがえかた　100 が なんこ あるかを かんがえます。

700 は 100 が 7 こ，300 は 100 が 3 こです。

100 100 100 100 100 100 100

ひくと，100 が 4 こに なります。　とる

つまり，

700 − 300 ＝ 400

答え　400

2 ひき算(ざん)を しましょう。

［1 もん　5 点］

(1) 300 − 200

(2) 500 − 100

(3) 400 − 200

(4) 900 − 500

(5) 800 − 300

(6) 700 − 400

(7) 600 − 500

(8) 800 − 400

(9) 900 − 200

(10) 600 − 300

29 3けたの 計算──②

もんだい 214＋69を ひっ算で 計算しましょう。

かんがえかた けた数が 多く なっても，2けたの 計算と 同じ ように，位を そろえて たてに ならべて かき，一の 位から じゅんに 計算します。くり上がりに 気を つけましょう。

	2	1	4
＋		6	9
	2	8	3

答え 283

1 ひっ算で 計算しましょう。 [1もん 5点]

(1)

	3	3	7
＋		4	2

(2)

	4	5	3
＋		2	8

(3)

	6	3	8
＋			7

(4)

	5	4	3
＋		2	5

(5)

	7	8	8
＋			6

(6)

	9	0	6
＋		4	9

べんきょうした日　月　日

時間  20分　合かく点  80点　答え べっさつ 13ページ

とく点　点

色をぬろう 60 80 100

2 ひっ算で 計算しましょう。

[1もん　7点]

(1)

	3	5	2
+		1	5

(2)

	1	3	4
+		4	2

(3)

	5	6	7
+			4

(4)

	8	1	6
+		2	9

(5)

	2	4	8
+		3	2

(6)

	6	3	1
+		4	7

(7)

	4	2	5
+		5	8

(8)

	9	4	9
+		3	3

(9)

	7	3	5
+			6

(10)

	6	3	8
+		2	7

30 3けたの 計算—③

1 ひっ算で 計算しましょう。

[1もん 5点]

(1)

	6	1	4
＋		3	2

(2)

	5	7	3
＋		1	8

(3)

	2	5	6
＋			7

(4)

	4	3	1
＋		4	6

(5)

		5	9
＋	1	2	6

(6)

	7	4	5
＋		2	5

(7)

	5	0	9
＋		4	7

(8)

			6
＋	8	2	8

(9)

	3	8	2
＋		1	6

(10)

	9	5	4
＋		3	8

べんきょうした日　　月　　日　時間 20分　合かく点 80点　答え べっさつ13ページ　とく点　　点　色をぬろう 60 80 100

ひっ算で計算しましょう。

[1もん　5点]

(1)

	5	2	6
+		3	8

(2)

	3	1	4
+			5

(3)

	7	5	2
+		2	3

(4)

			8
+	9	6	3

(5)

	2	6	7
+		1	9

(6)

	4	4	5
+		2	6

(7)

	1	5	9
+			9

(8)

	6	2	6
+		5	3

(9)

		4	7
+	7	0	8

(10)

	8	3	4
+		3	6

31 3けたの 計算 ―― ④

もんだい 365－48を ひっ算で 計算しましょう。

かんがえかた けた数が 多く なっても，2けたの 計算と 同じ ように，位を そろえて たてに ならべて かき，一の 位から じゅんに 計算します。くり下がりに 気を つけましょう。

	3	6	5
－		4	8
	3	1	7

答え 317

1 ひっ算で 計算しましょう。 ［1もん 5点］

(1)

	2	5	7
－		3	4

(2)

	7	8	3
－		5	1

(3)

	4	4	1
－		2	9

(4)

	9	7	0
－		1	7

(5)

	6	5	2
－		3	8

(6)

	3	9	3
－		2	6

べんきょうした日　月　日　時間 20分　合かく点 80点　答え べっさつ 14ページ　とく点　点　色をぬろう 60 80 100

2 ひっ算で 計算しましょう。 [1もん　7点]

(1)

	1	3	6
−		2	1

(2)

	8	8	5
−		3	5

(3)

	5	4	7
−			9

(4)

	2	9	1
−		4	7

(5)

	6	5	8
−		3	9

(6)

	3	7	4
−			8

(7)

	9	6	2
−		5	4

(8)

	4	8	5
−		1	6

(9)

	7	5	3
−		2	5

(10)

	8	6	0
−		4	3

32 3けたの 計算―⑤

1 ひっ算(さん)で 計算(けいさん)しましょう。 [1もん 5点]

(1)

	7	6	9
−		1	6

(2)

	1	5	8
−		4	5

(3)

	8	7	6
−		2	9

(4)

	2	8	5
−			7

(5)

	6	4	0
−		1	3

(6)

	3	6	2
−		3	4

(7)

	5	0	8
−			3

(8)

	9	8	3
−		7	7

(9)

	4	3	4
−		2	3

(10)

	7	7	2
−		6	9

べんきょうした日　月　日

時間 20分　合かく点 80点　答え べっさつ 14ページ

とく点　点

色をぬろう 60 80 100

2 ひっ算で 計算しましょう。

[1もん　5点]

(1)

	6	8	7
−		2	4

(2)

	5	7	2
−			6

(3)

	9	4	7
−		3	8

(4)

	1	7	3
−		4	5

(5)

	7	8	5
−		7	8

(6)

	2	6	0
−		1	2

(7)

	4	9	1
−			9

(8)

	8	4	3
−		2	7

(9)

	3	5	4
−		4	6

(10)

	9	5	2
−		3	8

「3けたの 計算」の まとめ

500円玉を もっています。300円の ビスケットを 買うと，おつりは なん円でしょう。［15点］

しき

答え

色がみが 400まい あります。200まい 買うと ぜんぶで なんまいに なりますか。［15点］

しき

答え

218円の チョコレートと 63円の ジュースを買います。あわせて いくらに なりますか。

［15点］

しき

答え

べんきょうした日　　月　　日

時間 20分　合かく点 80点　答え べっさつ 14ページ

とく点　　　点

色をぬろう ☆60 ☆80 ☆100

4 カードを 187まい もっています。おとうとに 29まい あげました。のこりは なんまいでしょう。 [15点]

しき ______________________

答(こた)え ______________________

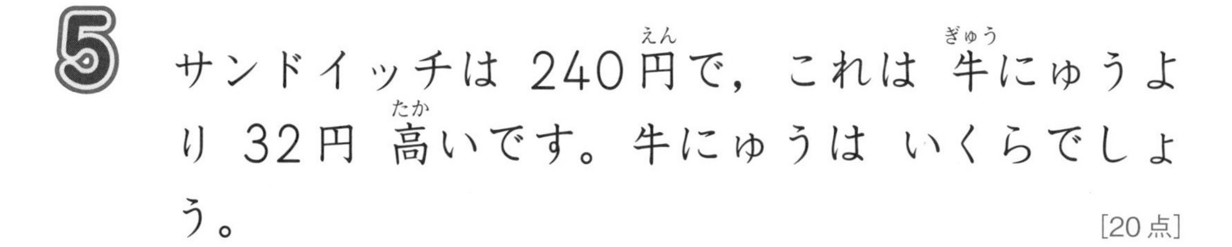

5 サンドイッチは 240円(えん)で，これは 牛(ぎゅう)にゅうより 32円 高(たか)いです。牛にゅうは いくらでしょう。 [20点]

しき ______________________

答え ______________________

6 本(ほん)を 224ページ 読(よ)みました。あと 48ページ のこっています。この 本は ぜんぶで なんページ あるでしょう。 [20点]

しき ______________________

答え ______________________

かけ算 ── ①

もんだい　5こ入りの　プリンが　4パック　あります。
プリンは　ぜんぶで　なんこ　あるでしょう。

かんがえかた　5を　4つ　あわせる　計算を

5×4

と　かき，「5　かける　4」と　読みます。
このような　計算を　**かけ算**と　いいます。

5×4＝5＋5＋5＋5＝20

答え　20こ

1

□に　あてはまる　数を　かきましょう。　[1もん　4点]

(1)　3×5＝3＋3＋3＋3＋3＝□

(2)　2×7＝2＋2＋2＋2＋2＋2＋2＝□

(3)　6×3＝6＋6＋6＝□

(4)　7×4＝7＋7＋7＋7＝□

(5)　9×6＝9＋9＋9＋9＋9＋9＝□

べんきょうした日　月　日　時間 20分　合かく点 80点　答え べっさつ 15ページ　とく点　点　色をぬろう 60 80 100

2 □に あてはまる 数(かず)を かきましょう。　[1もん　8点]

(1) 8 × □ = 8 + 8 = □

(2) 5 × □ = 5 + 5 + 5 + 5 + 5 + 5 + 5 = □

(3) 7 × □ = 7 + 7 + 7 = □

(4) 4 × □ = 4 + 4 + 4 + 4 + 4 + 4 = □

(5) 6 × □ = 6 + 6 + 6 + 6 + 6 = □

(6) 9 × □ = 9 + 9 + 9 + 9 + 9 + 9 + 9 = □

(7) 2 × □ = 2 + 2 + 2 + 2 + 2 + 2 + 2 + 2 + 2 = □

(8) 3 × □ = 3 + 3 + 3 + 3 + 3 + 3 + 3 + 3 = □

(9) 7 × □ = 7 + 7 + 7 + 7 + 7 = □

(10) 4 × □ = 4 + 4 + 4 + 4 + 4 + 4 + 4 + 4 = □

35 かけ算 ―― ②

1 □に あてはまる 数(かず)を かきましょう。 [1もん 4点]

(1) 5×1の 答(こた)えは，五一(ごいち)が □

(2) 5×2の 答えは，五二(ごに) □

(3) 5×3の 答えは，五三(ごさん) □

(4) 5×4の 答えは，五四(ごし) □

(5) 5×5の 答えは，五五(ごご) □

(6) 5×6の 答えは，五六(ごろく) □

(7) 5×7の 答えは，五七(ごしち) □

(8) 5×8の 答えは，五八(ごは) □

(9) 5×9の 答えは，五九(ごっく) □

(10) 5のだんでは，答えは □ ずつ ふえる。

べんきょうした日　　月　　日　　時間 20分　合かく点 80点　答え べっさつ15ページ　とく点　　点　色をぬろう 60 80 100

計算を しましょう。

[1もん 3点]

(1) 5 × 3　　(2) 5 × 5

(3) 5 × 4　　(4) 5 × 8

(5) 5 × 1　　(6) 5 × 6

(7) 5 × 2　　(8) 5 × 9

(9) 5 × 7　　(10) 5 × 5

(11) 5 × 8　　(12) 5 × 4

(13) 5 × 1　　(14) 5 × 6

(15) 5 × 3　　(16) 5 × 7

(17) 5 × 2　　(18) 5 × 9

(19) 5 × 7　　(20) 5 × 5

36 かけ算 ― ③

□に あてはまる 数を かきましょう。 ［1もん　4点］

(1) 2×1の 答えは，二一が □

(2) 2×2の 答えは，二二が □

(3) 2×3の 答えは，二三が □

(4) 2×4の 答えは，二四が □

(5) 2×5の 答えは，二五 □

(6) 2×6の 答えは，二六 □

(7) 2×7の 答えは，二七 □

(8) 2×8の 答えは，二八 □

(9) 2×9の 答えは，二九 □

(10) 2のだんでは，答えは □ ずつ ふえる。

べんきょうした日　月　日

時間 20分　合かく点 80点　答え べっさつ 15ページ

とく点　点

色をぬろう ☆60 ☆80 ☆100

2 計算を しましょう。

［1もん　3点］

(1) 2 × 1　(2) 2 × 4

(3) 2 × 7　(4) 2 × 5

(5) 2 × 3　(6) 2 × 8

(7) 2 × 2　(8) 2 × 6

(9) 2 × 9　(10) 2 × 3

(11) 2 × 7　(12) 2 × 2

(13) 2 × 6　(14) 2 × 1

(15) 2 × 8　(16) 2 × 4

(17) 2 × 5　(18) 2 × 9

(19) 2 × 4　(20) 2 × 7

37 かけ算 ── ④

1 □に あてはまる 数(かず)を かきましょう。 [1もん 4点]

(1) 3×1の 答(こた)えは，三一(さんいち)が □

(2) 3×2の 答えは，三二(さんに)が □

(3) 3×3の 答えは，三三(さざん)が □

(4) 3×4の 答えは，三四(さんし) □

(5) 3×5の 答えは，三五(さんご) □

(6) 3×6の 答えは，三六(さぶろく) □

(7) 3×7の 答えは，三七(さんしち) □

(8) 3×8の 答えは，三八(さんぱ) □

(9) 3×9の 答えは，三九(さんく) □

(10) 3のだんでは，答えは □ ずつ ふえる。

べんきょうした日　　月　　日

時間 20分　合かく点 80点　答え べっさつ 16ページ

とく点　　点

色をぬろう 60 80 100

2 計算を しましょう。

[1もん　3点]

(1) 3×2

(2) 3×6

(3) 3×8

(4) 3×4

(5) 3×3

(6) 3×9

(7) 3×1

(8) 3×5

(9) 3×7

(10) 3×2

(11) 3×8

(12) 3×5

(13) 3×3

(14) 3×4

(15) 3×9

(16) 3×6

(17) 3×1

(18) 3×7

(19) 3×6

(20) 3×8

38 かけ算 ── ⑤

1 □に あてはまる 数(かず)を かきましょう。 [1もん 4点]

(1) 4×1の 答(こた)えは，四一(しいち)が □

(2) 4×2の 答えは，四二(しに)が □

(3) 4×3の 答えは，四三(しさん) □

(4) 4×4の 答えは，四四(しし) □

(5) 4×5の 答えは，四五(しご) □

(6) 4×6の 答えは，四六(しろく) □

(7) 4×7の 答えは，四七(ししち) □

(8) 4×8の 答えは，四八(しは) □

(9) 4×9の 答えは，四九(しく) □

(10) 4のだんでは，答えは □ ずつ ふえる。

べんきょうした日　月　日　時間 20分　合かく点 80点　答え べっさつ 16ページ　とく点　点　色をぬろう 60 80 100

2 計算を しましょう。

［1もん　3点］

(1) 4 × 2　(2) 4 × 4

(3) 4 × 1　(4) 4 × 6

(5) 4 × 8　(6) 4 × 5

(7) 4 × 3　(8) 4 × 9

(9) 4 × 7　(10) 4 × 1

(11) 4 × 6　(12) 4 × 3

(13) 4 × 8　(14) 4 × 5

(15) 4 × 7　(16) 4 × 9

(17) 4 × 2　(18) 4 × 4

(19) 4 × 6　(20) 4 × 7

39 かけ算 ―― ⑥

1

□に あてはまる 数(かず)を かきましょう。 [1もん 4点]

(1) 6×1の 答(こた)えは，六一(ろくいち)が □

(2) 6×2の 答えは，六二(ろくに) □

(3) 6×3の 答えは，六三(ろくさん) □

(4) 6×4の 答えは，六四(ろくし) □

(5) 6×5の 答えは，六五(ろくご) □

(6) 6×6の 答えは，六六(ろくろく) □

(7) 6×7の 答えは，六七(ろくしち) □

(8) 6×8の 答えは，六八(ろくは) □

(9) 6×9の 答えは，六九(ろっく) □

(10) 6のだんでは，答えは □ ずつ ふえる。

べんきょうした日　月　日　時間 20分　合かく点 80点　答え べっさつ16ページ　とく点　点　色をぬろう 60 80 100

2 計算を しましょう。

[1もん　3点]

(1) 6×2　　(2) 6×4

(3) 6×5　　(4) 6×7

(5) 6×1　　(6) 6×9

(7) 6×3　　(8) 6×8

(9) 6×6　　(10) 6×5

(11) 6×2　　(12) 6×7

(13) 6×1　　(14) 6×4

(15) 6×8　　(16) 6×3

(17) 6×6　　(18) 6×9

(19) 6×7　　(20) 6×8

40 かけ算 ― ⑦

1

□に あてはまる 数(かず)を かきましょう。　[1もん　4点]

(1) 7×1の 答(こた)えは，七一(しちいち)が □

(2) 7×2の 答えは，七二(しちに) □

(3) 7×3の 答えは，七三(しちさん) □

(4) 7×4の 答えは，七四(しちし) □

(5) 7×5の 答えは，七五(しちご) □

(6) 7×6の 答えは，七六(しちろく) □

(7) 7×7の 答えは，七七(しちしち) □

(8) 7×8の 答えは，七八(しちは) □

(9) 7×9の 答えは，七九(しちく) □

(10) 7のだんでは，答えは □ ずつ ふえる。

べんきょうした日　月　日　時間 20分　合かく点 80点　答え べっさつ 17ページ　とく点　点　色をぬろう 60 80 100

2 計算を しましょう。

[1もん　3点]

(1) 7×3　(2) 7×5

(3) 7×7　(4) 7×2

(5) 7×6　(6) 7×1

(7) 7×8　(8) 7×4

(9) 7×9　(10) 7×2

(11) 7×7　(12) 7×1

(13) 7×4　(14) 7×8

(15) 7×5　(16) 7×3

(17) 7×9　(18) 7×6

(19) 7×8　(20) 7×4

41 かけ算 ─ ⑧

1 □に あてはまる 数(かず)を かきましょう。 [1もん 4点]

(1) 8×1の 答(こた)えは，八一(はちいち)が □

(2) 8×2の 答えは，八二(はちに) □

(3) 8×3の 答えは，八三(はちさん) □

(4) 8×4の 答えは，八四(はちし) □

(5) 8×5の 答えは，八五(はちご) □

(6) 8×6の 答えは，八六(はちろく) □

(7) 8×7の 答えは，八七(はちしち) □

(8) 8×8の 答えは，八八(はっぱ) □

(9) 8×9の 答えは，八九(はっく) □

(10) 8のだんでは，答えは □ ずつ ふえる。

べんきょうした日　月　日

時間 20分　合かく点 80点　答え べっさつ17ページ

とく点　点

色をぬろう 60 80 100

計算(けいさん)を しましょう。

[1もん　3点]

(1) 8 × 4　(2) 8 × 1

(3) 8 × 2　(4) 8 × 6

(5) 8 × 3　(6) 8 × 8

(7) 8 × 5　(8) 8 × 9

(9) 8 × 7　(10) 8 × 2

(11) 8 × 4　(12) 8 × 1

(13) 8 × 8　(14) 8 × 6

(15) 8 × 7　(16) 8 × 9

(17) 8 × 5　(18) 8 × 3

(19) 8 × 4　(20) 8 × 6

かけ算 —— ⑨

1

□に あてはまる 数を かきましょう。　［1もん　4点］

(1)　9 × 1 の 答えは，九一が □

(2)　9 × 2 の 答えは，九二 □

(3)　9 × 3 の 答えは，九三 □

(4)　9 × 4 の 答えは，九四 □

(5)　9 × 5 の 答えは，九五 □

(6)　9 × 6 の 答えは，九六 □

(7)　9 × 7 の 答えは，九七 □

(8)　9 × 8 の 答えは，九八 □

(9)　9 × 9 の 答えは，九九 □

(10)　9 のだんでは，答えは □ ずつ ふえる。

べんきょうした日　月　日　時間 20分　合かく点 80点　答え べっさつ 17ページ　とく点　点　色をぬろう 60 80 100

2 計算(けいさん)を しましょう。　[1もん　3点]

(1) 9×2　(2) 9×7

(3) 9×9　(4) 9×4

(5) 9×1　(6) 9×5

(7) 9×8　(8) 9×6

(9) 9×3　(10) 9×1

(11) 9×7　(12) 9×8

(13) 9×5　(14) 9×3

(15) 9×2　(16) 9×6

(17) 9×9　(18) 9×4

(19) 9×3　(20) 9×7

43 かけ算 —— ⑩

1

□に あてはまる 数(かず)を かきましょう。　［1もん　4点］

(1)　1×1の 答(こた)えは，一一(いんいち)が □

(2)　1×2の 答えは，一二(いんに)が □

(3)　1×3の 答えは，一三(いんさん)が □

(4)　1×4の 答えは，一四(いんし)が □

(5)　1×5の 答えは，一五(いんご)が □

(6)　1×6の 答えは，一六(いんろく)が □

(7)　1×7の 答えは，一七(いんしち)が □

(8)　1×8の 答えは，一八(いんはち)が □

(9)　1×9の 答えは，一九(いんく)が □

(10)　1のだんでは，答えは □ ずつ ふえる。

べんきょうした日　月　日　時間 20分　合かく点 80点　答え べっさつ 18ページ　とく点　点　色をぬろう 60 80 100

計算を しましょう。　[1もん　3点]

(1) 1×1　(2) 1×3

(3) 1×6　(4) 1×9

(5) 1×4　(6) 1×8

(7) 1×2　(8) 1×5

(9) 1×7　(10) 1×6

(11) 1×1　(12) 1×4

(13) 1×8　(14) 1×3

(15) 1×9　(16) 1×2

(17) 1×5　(18) 1×7

(19) 1×4　(20) 1×8

44 かけ算 ── ⑪

もんだい つぎの 計算を しましょう。

(1) 4×10　　(2) 10×3

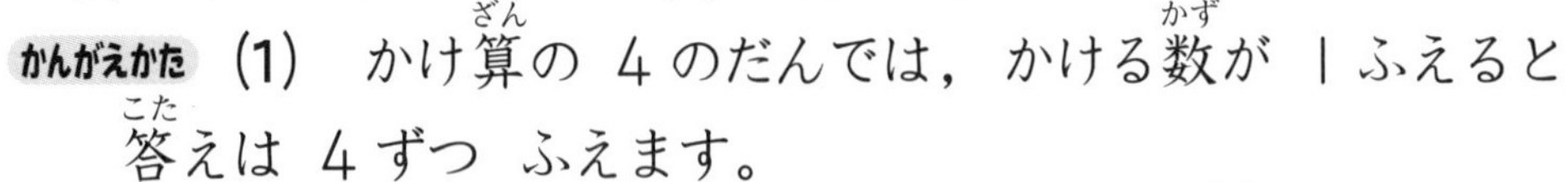

かんがえかた (1) かけ算の 4のだんでは，かける数が 1ふえると 答えは 4ずつ ふえます。

4×10の 答えは 4×9の 答えより 4 大きいから

$4\times10=4\times9+4=36+4=40$

(2) $10\times3=10+10+10=30$

このように，かける数や かけられる数が 10のとき，答えは もうひとつの 数の うしろに 0を つけた 数に なります。

答え (1) 40　　(2) 30

1 つぎの かけ算を しましょう。 [1もん 5点]

(1) 2×10　　(2) 8×10

(3) 10×5　　(4) 10×4

(5) 10×7　　(6) 3×10

(7) 6×10　　(8) 10×9

(9) 10×8　　(10) 5×10

べんきょうした日　月　日　時間 20分　合かく点 80点　答え べっさつ 18ページ　とく点　点　色をぬろう 60 80 100

もんだい　3 × 12を 計算(けいさん)しましょう。

かんがえかた　12を 10と 2に わけて かんがえます。

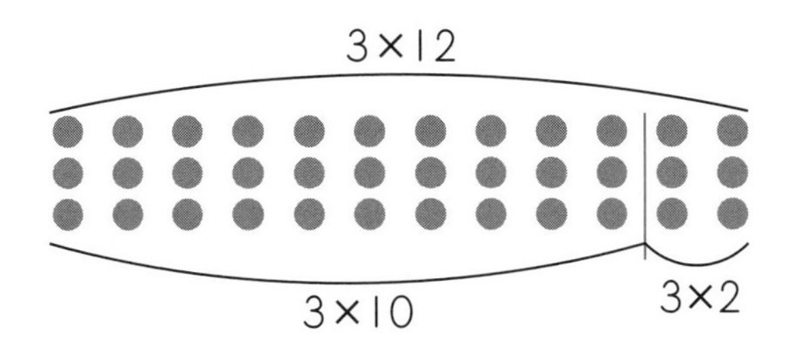

$3 \times 12 = (3 \times 10) + (3 \times 2) = 30 + 6 = 36$

答え　36

2 つぎの かけ算(ざん)を しましょう。

[1もん　5点]

(1) 5 × 11

(2) 2 × 12

(3) 4 × 12

(4) 9 × 11

(5) 7 × 11

(6) 8 × 12

(7) 2 × 13

(8) 5 × 13

(9) 7 × 14

(10) 6 × 15

45 かけ算 ― ⑫

もんだい　12×3を 計算(けいさん)しましょう。

かんがえかた　12は 10と 2を あわせた 数(かず)です。

12×3の 答(こた)えは
12＋12＋12で，
図(ず)のように
10×3の 答えと
2×3の 答えを
あわせた 数です。

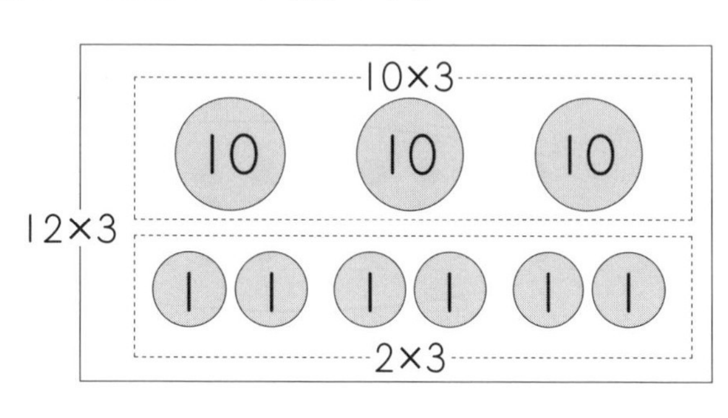

$$12 \times 3 = (10 \times 3) + (2 \times 3) = 30 + 6 = 36$$

答え　36

1 □に あてはまる 数を かきましょう。　[1もん　10点]

(1)　11×6＝(10×□)＋(1×□)＝□

(2)　12×4＝(10×□)＋(□×4)＝□

2 つぎの かけ算(ざん)を しましょう。　[1もん　5点]

(1)　11×5

(2)　12×6

(3)　12×7

(4)　11×9

べんきょうした日　月　日

時間 20分　合かく点 80点　答え べっさつ18ページ

とく点　点

色をぬろう ☆60 ☆80 ☆100

3 計算を しましょう。

[1もん　3点]

(1) 7 × 10

(2) 10 × 2

(3) 10 × 6

(4) 9 × 10

(5) 4 × 11

(6) 5 × 12

(7) 7 × 12

(8) 6 × 11

(9) 8 × 11

(10) 9 × 12

(11) 11 × 4

(12) 12 × 5

(13) 11 × 7

(14) 12 × 6

(15) 12 × 8

(16) 13 × 6

(17) 4 × 13

(18) 14 × 6

(19) 16 × 3

(20) 8 × 15

「かけ算」のまとめ —①

計算(けいさん)を しましょう。　[1もん　2点]

(1) 2×3　　(2) 5×7

(3) 6×4　　(4) 9×1

(5) 3×8　　(6) 5×2

(7) 4×7　　(8) 8×4

(9) 7×6　　(10) 4×5

(11) 1×8　　(12) 3×2

(13) 8×8　　(14) 6×9

(15) 2×5　　(16) 1×6

(17) 5×1　　(18) 7×3

(19) 9×7　　(20) 5×9

べんきょうした日　月　日　時間 20分　合かく点 80点　答え べっさつ 19ページ　とく点　点　色をぬろう 60 80 100

2 計算(けいさん)を しましょう。

［1もん　3点］

(1) 2 × 1　(2) 3 × 4

(3) 5 × 6　(4) 7 × 5

(5) 8 × 2　(6) 1 × 4

(7) 6 × 8　(8) 7 × 2

(9) 2 × 9　(10) 8 × 1

(11) 5 × 4　(12) 9 × 3

(13) 7 × 8　(14) 4 × 9

(15) 1 × 7　(16) 5 × 3

(17) 3 × 1　(18) 8 × 7

(19) 9 × 2　(20) 3 × 9

47 「かけ算」のまとめ ― ②

計算(けいさん)を しましょう。 [1もん 2点]

(1) 1×2　　(2) 3×6

(3) 4×3　　(4) 7×7

(5) 6×1　　(6) 8×5

(7) 7×4　　(8) 3×7

(9) 2×8　　(10) 1×3

(11) 4×6　　(12) 5×8

(13) 7×1　　(14) 8×9

(15) 3×3　　(16) 1×5

(17) 2×7　　(18) 4×8

(19) 6×5　　(20) 9×6

べんきょうした日　月　日

時間 20分　合かく点 80点　答え べっさつ 19ページ

とく点　点

色をぬろう 60 80 100

計算(けいさん)を しましょう。 [1もん 3点]

(1) 2×4　　(2) 3×5

(3) 4×4　　(4) 6×7

(5) 9×5　　(6) 7×9

(7) 4×1　　(8) 6×3

(9) 2×6　　(10) 4×2

(11) 9×4　　(12) 5×5

(13) 9×8　　(14) 2×2

(15) 1×9　　(16) 6×6

(17) 8×3　　(18) 6×2

(19) 8×6　　(20) 9×9

「かけ算」のまとめ——③

計算(けいさん)を　しましょう。　[1もん　2点]

(1)　3×4　　(2)　1×8

(3)　5×2　　(4)　7×3

(5)　9×1　　(6)　4×6

(7)　2×2　　(8)　8×7

(9)　6×5　　(10)　3×8

(11)　9×4　　(12)　7×6

(13)　5×9　　(14)　2×6

(15)　4×5　　(16)　1×3

(17)　6×8　　(18)　3×5

(19)　7×2　　(20)　6×1

べんきょうした日　　月　　日

時間 20分　合かく点 80点　答え べっさつ 20ページ

とく点　　点

色をぬろう 60 80 100

2 計算を しましょう。

［1もん　3点］

(1) 5 × 4　(2) 3 × 1

(3) 4 × 8　(4) 2 × 9

(5) 8 × 5　(6) 6 × 3

(7) 4 × 1　(8) 2 × 4

(9) 1 × 6　(10) 5 × 7

(11) 8 × 8　(12) 9 × 6

(13) 4 × 3　(14) 2 × 7

(15) 1 × 5　(16) 7 × 8

(17) 8 × 4　(18) 9 × 3

(19) 7 × 9　(20) 4 × 4

49 「かけ算」のまとめ —④

計算(けいさん)を しましょう。　［1もん　2点］

(1) 5 × 1　(2) 3 × 3

(3) 1 × 7　(4) 6 × 6

(5) 7 × 4　(6) 8 × 1

(7) 5 × 6　(8) 8 × 6

(9) 9 × 2　(10) 5 × 8

(11) 3 × 9　(12) 1 × 4

(13) 6 × 2　(14) 7 × 5

(15) 2 × 1　(16) 6 × 7

(17) 9 × 8　(18) 4 × 9

(19) 3 × 7　(20) 5 × 3

べんきょうした日　月　日

時間 20分　合かく点 80点　答え べっさつ 20ページ

とく点　点

色をぬろう 60 80 100

2 計算を しましょう。

[1もん 3点]

(1) 1 × 2　　(2) 2 × 3

(3) 4 × 7　　(4) 7 × 1

(5) 8 × 2　　(6) 5 × 5

(7) 1 × 9　　(8) 4 × 2

(9) 7 × 7　　(10) 8 × 9

(11) 3 × 2　　(12) 6 × 4

(13) 9 × 7　　(14) 2 × 5

(15) 6 × 9　　(16) 9 × 5

(17) 2 × 8　　(18) 8 × 3

(19) 9 × 9　　(20) 3 × 6

「かけ算」のまとめ―⑤

おすしが 1さらに 2こずつ のっています。8さらでは なんこに なるでしょう。 ［15点］

しき

答え

1パックに 3こ はいっている プリンを 5パック 買いました。プリンは ぜんぶで なんこ あるでしょう。 ［15点］

しき

答え

1日に 8ページずつ 本を 読みます。6日では なんページ 読むことが できるでしょう。 ［15点］

しき

答え

べんきょうした日　月　日

チーズが１はこに６こ　はいっています。これを９はこ　買(か)いました。チーズは　ぜんぶで　なんこ　あるでしょう。　［15点］

しき

答(こた)え

5　１週間(しゅうかん)は　７日(なのか)です。４週間は　なん日(にち)でしょう。　［20点］

しき

答え

6　長(なが)いすが９つ　あります。１つの　長いすに４人(にん)ずつ　すわります。ぜんぶで　なん人　すわることが　できますか。　［20点］

しき

答え

「かけ算」のまとめ──⑥

バレーボールの チームを つくるために，6人ずつに わけると，ちょうど5チーム できました。みんなで なん人 いたでしょう。 [15点]

しき

答え

5人のりの 車が 8だい あります。みんなで なん人 のることが できるでしょう。 [15点]

しき

答え

1人に 4こずつ あめを くばります。7人に くばるには あめは なんこ いるでしょう。 [15点]

しき

答え

べんきょうした日　月　日

時間　合かく点　答え

べっさつ 21ページ

とく点　点

色をぬろう　60　80　100

4 あつさが 3cm の 本(ほん)を 12 さつ つみます。つみあげた 本の 高(たか)さは なん cm でしょう。　[15 点]

しき

答(こた)え

5 チョコレートが 7はこ あります。1はこには 8こずつ はいっています。チョコレートは ぜんぶで なんこ ありますか。　[20 点]

しき

答え

6 おさむくんの すんでいる マンションは 6かいまで あります。1つの かいには 9へやずつ あります。ぜんぶで なんへや あるでしょう。　[20 点]

しき

答え

2年の まとめ──①

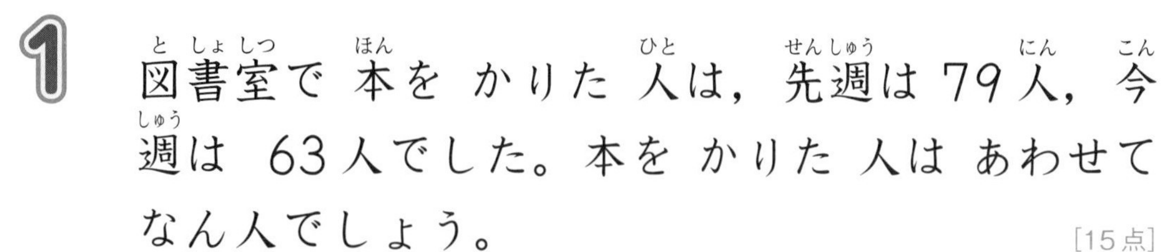

1 図書室で 本を かりた 人は，先週は 79人，今週は 63人でした。本を かりた 人は あわせて なん人でしょう。 [15点]

しき

答え

2 ふたりで なわとびを しました。みゆうさんは 85回，みひろさんは 102回 とびました。どちらが なん回 多いでしょう。 [15点]

しき

答え

3 びじゅつかんに 今日 はいった人は 116人で，きのうより 28人 多いそうです。きのうは なん人 はいったでしょう。 [15点]

しき

答え

べんきょうした日　月　日

時間 20分　合かく点 80点　答え べっさつ 21ページ

とく点　点

色をぬろう 60 80 100

1こ 218円の ケーキと，1こ 63円の ワッフルを 買いました。あわせて なん円でしょう。[15点]

しき

答え

5 みつきさんは 色がみを 50まい もっています。いもうとに 38まい あげると，おかあさんが 90まい 買って くれました。色がみは なんまいに なったでしょう。[20点]

しき

答え

6 ちえこさんは 176ページの 本を 読んでいます。きのうまでに 87ページ 読みました。今日は 18ページ 読みました。のこりは なんページでしょう。[20点]

しき

答え

53 2年の まとめ—②

バスで 遠足に いきます。1れつに 4人ずつ すわります。7れつでは なん人 すわることが できますか。 [15点]

しき

答え

まるい ケーキが 3こ あります。それぞれを 6こずつに きりました。ケーキは ぜんぶで なんこに わけられたでしょう。 [15点]

しき

答え

たこが 9ひき います。足は ぜんぶで なん本に なるでしょう（たこの 足は 8本です）。 [15点]

しき

答え

べんきょうした日　　月　　日

時間 20分　合かく点 80点　答え べっさつ 22ページ

とく点　　点

色をぬろう ☆60 ☆80 ☆100

でんちを 5パック 買(か)います。｜パックには 6本(ぽん) はいっています。でんちは ぜんぶで なん本(ぼん)に なるでしょう。

[15点]

しき

答(こた)え

あつさ 7mmの 本を 8さつ つみあげると，なんmmに なりますか。また，それは なんcm なんmmですか。

[20点]

しき

答え

えりさんは 4さいで，おねえさんは えりさんの 2ばい，おとうさんは おねえさんの 5ばいの 年(とし)です。おとうさんは なんさいでしょう。

[20点]

しき

答え

2年の まとめ―③

みひろさんは 9さいです。 おとうさんは みひろさんの 年の 4ばいよりも 5さい 年上です。おとうさんは なんさいでしょう。 [15点]

しき

答え

たかしくんの すんでいる マンションは 6かいまで あります。1かいだけ 8へやで，2かいから 6かいまでは 6へやです。ぜんぶで なんへや あるでしょう。 [15点]

しき

答え

1まい 6円の がようしを 8まいと，1こ 84円の けしごむを 買いました。ぜんぶで いくらに なるでしょう。 [15点]

しき

答え

べんきょうした日　月　日　時間 20分　合かく点 80点　答え べっさつ22ページ　とく点　点　色をぬろう 60 80 100

えんぴつが 120本 あります。7人の 子どもに 9本ずつ くばると，なん本 あまるでしょう。［15点］

しき

答え

5

おとなが 6人，子どもが 9人 います。おとなは ひとりに 4こずつ，子どもは ひとりに 3こずつ チョコレートを くばります。チョコレートは なんこ いるでしょう。［20点］

しき

答え

6

1こ 8円の あめを 7こ 買いました。100円だすと おつりは いくらでしょう。［20点］

しき

答え

■執筆者 — 山腰政喜
■レイアウト・デザイン — アトリエ ウインクル

シグマベスト
トコトン算数
小学２年の計算ドリル

編　者　文英堂編集部
発行者　益井英郎
印刷所　株式会社　天理時報社
発行所　株式会社　文 英 堂

〒601-8121　京都市南区上鳥羽大物町28
〒162-0832　東京都新宿区岩戸町17
(代表)03-3269-4231

●落丁・乱丁はおとりかえします。

学(がく)しゅうの きろく

内よう	べんきょうした日	とく点	とく点グラフ 0 20 40 60 80 100
かきかた	4月 16日	83点	
❶ たし算(1) ー ①	月 日	点	
❷ たし算(1) ー ②	月 日	点	
❸ たし算(1) ー ③	月 日	点	
❹ たし算(1) ー ④	月 日	点	
❺ たし算(1) ー ⑤	月 日	点	
❻ ひき算(1) ー ①	月 日	点	
❼ ひき算(1) ー ②	月 日	点	
❽ ひき算(1) ー ③	月 日	点	
❾ ひき算(1) ー ④	月 日	点	
❿ ひき算(1) ー ⑤	月 日	点	
⓫「たし算(1)」「ひき算(1)」の まとめ ー ①	月 日	点	
⓬「たし算(1)」「ひき算(1)」の まとめ ー ②	月 日	点	
⓭ 計算の じゅんじょ ー ①	月 日	点	
⓮ 計算の じゅんじょ ー ②	月 日	点	
⓯ 計算の じゅんじょ ー ③	月 日	点	
⓰ たし算(2) ー ①	月 日	点	
⓱ たし算(2) ー ②	月 日	点	
⓲ たし算(2) ー ③	月 日	点	
⓳ たし算(2) ー ④	月 日	点	
⓴ たし算(2) ー ⑤	月 日	点	
21 ひき算(2) ー ①	月 日	点	
22 ひき算(2) ー ②	月 日	点	
23 ひき算(2) ー ③	月 日	点	
24 ひき算(2) ー ④	月 日	点	
25 ひき算(2) ー ⑤	月 日	点	
26「たし算(2)」「ひき算(2)」の まとめ ー ①	月 日	点	
27「たし算(2)」「ひき算(2)」の まとめ ー ②	月 日	点	

ΣBEST
シグマベスト

トコトン算数

小学2年の計算ドリル

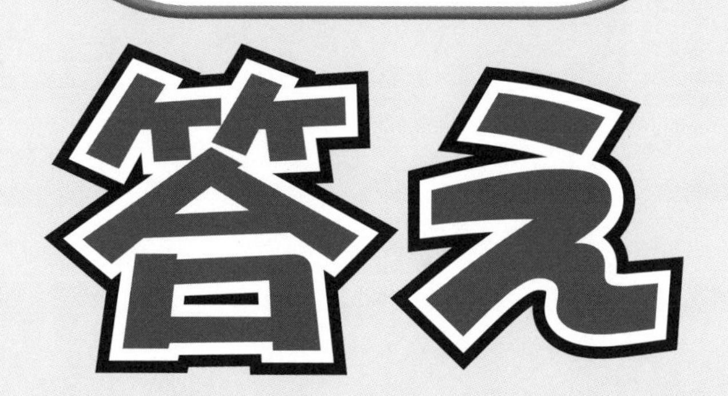

●「答え」は見やすいように，わくでかこみました。

指導される方へ　2年の学習のねらいや内容を理解してもらうように，**指導上の注意** の欄を設けました。

文英堂

1 たし算(1)—①

1

(1) 30	(2) 70	(3) 20	(4) 80
(5) 60	(6) 70	(7) 80	(8) 30
(9) 70	(10) 80		

2

(1) 50	(2) 90	(3) 80	(4) 60
(5) 90	(6) 100	(7) 80	(8) 70
(9) 80	(10) 60	(11) 50	(12) 90
(13) 70	(14) 100	(15) 90	(16) 60
(17) 90	(18) 70	(19) 90	(20) 100

指導上の注意

▶10がいくつになるかを考えて，計算をする問題です。答えが100より大きくなるものは，たし算(2)で扱います。

2 たし算(1)—②

1

(1) 66	(2) 95	(3) 86	(4) 78
(5) 87	(6) 78	(7) 74	(8) 68
(9) 89			

2

(1) 47	(2) 75	(3) 85	(4) 97
(5) 94	(6) 69	(7) 77	(8) 95
(9) 67	(10) 89	(11) 64	(12) 88
(13) 47	(14) 98	(15) 99	

▶2けたのたし算を，筆算で行います。ここでは，筆算になれるために，くり上がりのない問題にしてあります。計算は，一の位，十の位の順にするように，ご指導ください。

3 たし算(1)—③

1

(1) 55	(2) 79	(3) 67	(4) 97
(5) 77	(6) 48	(7) 76	(8) 37
(9) 59	(10) 87	(11) 86	(12) 78
(13) 67	(14) 98	(15) 68	

2

(1) 89	(2) 86	(3) 87	(4) 78
(5) 79	(6) 86	(7) 66	(8) 68
(9) 69	(10) 58	(11) 89	(12) 94
(13) 58	(14) 98	(15) 79	

▶くり上がりのないたし算の筆算をもう一度練習します。時間がかかってもいいから，間違えずに計算できるようにさせましょう。

❹ たし算(1)──④

1

(1) 81　(2) 67　(3) 82　(4) 71
(5) 72　(6) 83　(7) 83　(8) 61
(9) 94

2

(1) 74　(2) 91　(3) 84　(4) 73
(5) 63　(6) 71　(7) 62　(8) 57
(9) 32　(10) 71　(11) 42　(12) 91
(13) 92　(14) 90　(15) 93

指導上の注意

▶くり上がりのあるたし算です。一の位から十の位へ1くり上がります。この1を，筆算の十の位の上に小さく書くと，計算間違いが少なくなります。

❺ たし算(1)──⑤

1

(1) 47　(2) 94　(3) 90　(4) 71
(5) 72　(6) 43　(7) 91　(8) 65
(9) 64　(10) 90　(11) 61　(12) 86
(13) 92　(14) 81　(15) 73

2

(1) 60　(2) 92　(3) 62　(4) 88
(5) 55　(6) 53　(7) 75　(8) 80
(9) 82　(10) 84　(11) 94　(12) 90
(13) 56　(14) 51　(15) 83

▶くり上がりのあるたし算は間違えやすいところです。十の位へくり上がる1を必ず書くように指導してください。

❻ ひき算(1)──①

1

(1) 20　(2) 10　(3) 10　(4) 30
(5) 30　(6) 20　(7) 40　(8) 30
(9) 50　(10) 40

2

(1) 10　(2) 50　(3) 30　(4) 60
(5) 10　(6) 20　(7) 40　(8) 60
(9) 70　(10) 20　(11) 50　(12) 20
(13) 70　(14) 10　(15) 40　(16) 30
(17) 10　(18) 60　(19) 30　(20) 20

▶10がいくつになるかを考えて，ひき算をします。

❼ ひき算(1)―②

1

(1) 21　(2) 51　(3) 32　(4) 12
(5) 36　(6) 50　(7) 35　(8) 18
(9) 52

2

(1) 24　(2) 51　(3) 23　(4) 33
(5) 2　(6) 41　(7) 61　(8) 23
(9) 43　(10) 25　(11) 82　(12) 30
(13) 4　(14) 33　(15) 7

指導上の注意

▶くり下がりのないひき算です。たし算と同様に，一の位，十の位の順に計算するように，ご指導ください。

❽ ひき算(1)―③

1

(1) 23　(2) 16　(3) 33　(4) 15
(5) 54　(6) 20　(7) 11　(8) 28
(9) 4　(10) 12　(11) 40　(12) 32
(13) 32　(14) 91　(15) 37

2

(1) 51　(2) 43　(3) 20　(4) 23
(5) 41　(6) 56　(7) 31　(8) 63
(9) 62　(10) 44　(11) 5　(12) 50
(13) 76　(14) 20　(15) 75

▶くり下がりのないひき算の筆算をもう一度練習します。時間がかかってもいいから，間違えずに計算できるようにさせましょう。

❾ ひき算(1)―④

1

(1) 14　(2) 27　(3) 23　(4) 39
(5) 27　(6) 16　(7) 8　(8) 38
(9) 37

2

(1) 15　(2) 26　(3) 18　(4) 46
(5) 16　(6) 49　(7) 9　(8) 56
(9) 46　(10) 4　(11) 8　(12) 65
(13) 49　(14) 7　(15) 58

▶くり下がりのあるひき算です。筆算では，ひかれる数の十の位の数から，1を一の位へ，残りを十の位に分けて，小さく書きます。このとき，もとの十の位の数に斜線をひくと，計算間違いは少なくなります。

⑩ ひき算(1)——⑤

1

(1) 18	(2) 19	(3) 18	(4) 26
(5) 29	(6) 25	(7) 28	(8) 38
(9) 18	(10) 7	(11) 55	(12) 64
(13) 68	(14) 34	(15) 8	

2

(1) 66	(2) 49	(3) 5	(4) 46
(5) 73	(6) 39	(7) 47	(8) 33
(9) 29	(10) 44	(11) 55	(12) 58
(13) 37	(14) 42	(15) 16	

指導上の注意

▶くり下がりのあるひき算は間違えやすいところです。時間がかかってもいいから，間違えずに計算できるようにさせましょう。

⑪ 「たし算(1)」「ひき算(1)」のまとめ——①

1

(1) 59	(2) 11	(3) 14	(4) 84
(5) 66	(6) 12	(7) 85	(8) 26
(9) 32	(10) 72	(11) 94	(12) 26
(13) 18	(14) 89	(15) 39	(16) 73
(17) 28	(18) 81	(19) 67	(20) 6

2

(1) 47	(2) 72	(3) 90	(4) 16
(5) 96	(6) 70	(7) 43	(8) 88
(9) 68	(10) 86	(11) 64	(12) 36
(13) 91	(14) 56	(15) 9	(16) 94
(17) 62	(18) 29	(19) 86	(20) 17

▶くり上がりのないものとあるもの，くり下がりのないものとあるものがまじっています。おちついて，ていねいに計算するよう，ご指導ください。

⑫「たし算(1)」「ひき算(1)」のまとめ —— ②

1 しき　53＋21＝74　　答え　74円

2 しき　67－29＝38　　答え　38こ

3 しき　28＋29＝57　　答え　57人

4 しき　96－67＝29　　答え　29ページ

5 しき　81－58＝23
答え　だいちくんが 23回 多く　とんだ

6 しき　25＋16＋12＝53
答え　53人

指導上の注意

▶「あわせていくつ」が**1**と**3**，「ふえるといくつ」が**6**で，たし算になります。「のこりはいくつ」が**2**と**4**，「ちがいはいくつ」が**5**で，ひき算になります。**6**は，3つの数の計算になりますが，式を2つに分けて，

25＋16＝41
41＋12＝53

としても，求められます。

⑬ 計算の じゅんじょ —— ①

1

(1) 7　(2) 7　(3) 14　(4) 14
(5) 50　(6) 50　(7) 59　(8) 59
(9) 81　(10) 81

2

(1) 9　(2) 9　(3) 14　(4) 14
(5) 70　(6) 70　(7) 80　(8) 80
(9) 57　(10) 57　(11) 89　(12) 89
(13) 62　(14) 62　(15) 92　(16) 92
(17) 73　(18) 73　(19) 97　(20) 97

▶たし算については，交換法則が成り立つことを確かめる問題です。

⓮ 計算の じゅんじょ ── ②

1

(1) 17　(2) 5　(3) 10　(4) 2
(5) 19　(6) 6　(7) 72　(8) 3
(9) 36　(10) 62

2

(1) 15　(2) 15　(3) 2　(4) 8
(5) 2　(6) 8　(7) 5　(8) 29
(9) 5　(10) 29　(11) 72　(12) 64
(13) 36　(14) 7　(15) 7　(16) 68
(17) 39　(18) 23　(19) 44　(20) 2

⓯ 計算の じゅんじょ ── ③

1

(1) 18　(2) 18　(3) 16　(4) 19
(5) 47　(6) 41　(7) 45　(8) 43
(9) 77　(10) 77

2

(1) 12　(2) 13　(3) 17　(4) 14
(5) 28　(6) 29　(7) 58　(8) 56
(9) 75　(10) 65　(11) 54　(12) 69
(13) 66　(14) 46　(15) 76　(16) 58
(17) 73　(18) 69　(19) 62　(20) 67

指導上の注意

▶（　）のついた計算では，（　）のなかを先に計算することを，ご指導ください。
2の(1)と(2)から，たし算では，前から計算しても，うしろの2つを先に計算しても答えが同じになることがわかります。また，(3)～(6)と(7)～(10)で，ひき算の場合は（　）の有無で答えが違うことに気づかせてください。

▶たし算については，結合法則

（○＋△）＋□＝○＋（△＋□）

が成り立ちます。
ここでの「計算のくふう」は，たして何十になる方から計算するということです。式をよく見て，前とうしろのどちらの2つをたす方が計算が楽になるかを考えさせてください。

16 たし算(2)—①

1

(1) 140	(2) 110	(3) 130
(4) 160	(5) 150	(6) 110
(7) 120	(8) 110	(9) 150
(10) 130		

2

(1) 110	(2) 130	(3) 140
(4) 130	(5) 110	(6) 150
(7) 160	(8) 110	(9) 120
(10) 120	(11) 140	(12) 160
(13) 120	(14) 130	(15) 170
(16) 140	(17) 150	(18) 120
(19) 180	(20) 140	

指導上の注意

▶10がいくつになるかを考えて，計算する問題です。ここでは，百の位へくり上がる計算の準備をします。

17 たし算(2)—②

1

(1) 129	(2) 136	(3) 117
(4) 138	(5) 154	(6) 157

2

(1) 116	(2) 129	(3) 149
(4) 135	(5) 124	(6) 108
(7) 116	(8) 165	(9) 129
(10) 184		

▶2けたの数のたし算で，百の位にくり上がる問題です。ここでは，十の位へのくり上がりがない問題を扱っています。

18 たし算(2)—③

1

(1) 127	(2) 106	(3) 175
(4) 148	(5) 129	(6) 128
(7) 143	(8) 146	(9) 103
(10) 112		

2

(1) 137	(2) 169	(3) 108
(4) 103	(5) 133	(6) 177
(7) 145	(8) 114	(9) 118
(10) 167		

▶2けたの数のたし算で，百の位にくり上がる問題をもう一度練習します。百の位へのくり上がりが確実にできるようにさせましょう。

⑲ たし算(2)──④

1

(1) 132	(2) 133	(3) 173
(4) 131	(5) 123	(6) 140
(7) 162	(8) 164	(9) 140
(10) 131		

2

(1) 121	(2) 132	(3) 171
(4) 152	(5) 110	(6) 165
(7) 181	(8) 126	(9) 150
(10) 155		

指導上の注意

▶十の位にもくり上がりのある問題です。くり上がりの１を忘れないように，ていねいに計算させてください。

⑳ たし算(2)──⑤

1

(1) 117	(2) 142	(3) 122
(4) 146	(5) 117	(6) 146
(7) 181	(8) 127	(9) 115
(10) 139		

2

(1) 108	(2) 123	(3) 118
(4) 163	(5) 171	(6) 133
(7) 106	(8) 133	(9) 150
(10) 194		

▶十の位にくり上がりがあるものとないものがまじっています。おちついて，ていねいに計算させてください。

㉑ ひき算(2)──①

1

(1) 90	(2) 80	(3) 40	(4) 60
(5) 80	(6) 70	(7) 40	(8) 60
(9) 60	(10) 90		

2

(1) 60	(2) 80	(3) 30	(4) 90
(5) 50	(6) 80	(7) 30	(8) 60
(9) 90	(10) 80	(11) 50	(12) 80
(13) 70	(14) 90	(15) 50	(16) 40
(17) 70	(18) 90	(19) 50	(20) 70

▶10がいくつになるかを考えて，計算をする問題です。ここでは，百の位からのくり下がりがある計算の準備をします。

㉒ ひき算(2)—②

1 (1) 52　(2) 25　(3) 63　(4) 71
(5) 80　(6) 62

2 (1) 85　(2) 72　(3) 63　(4) 92
(5) 73　(6) 81　(7) 45　(8) 64
(9) 67　(10) 80

指導上の注意

▶百の位からのくり下がりのある問題です。ここでは，十の位から一の位へのくり下がりのない問題を扱っています。

㉓ ひき算(2)—③

1 (1) 81　(2) 40　(3) 86　(4) 91
(5) 51　(6) 53　(7) 72　(8) 36
(9) 34　(10) 33

2 (1) 92　(2) 64　(3) 42　(4) 70
(5) 74　(6) 96　(7) 91　(8) 74
(9) 58　(10) 96

▶百の位からのくり下がりのある問題をもう一度練習します。確実にできるようにさせてください。

㉔ ひき算(2)—④

1 (1) 87　(2) 47　(3) 54　(4) 64
(5) 38　(6) 86　(7) 98　(8) 77
(9) 75　(10) 72

2 (1) 79　(2) 25　(3) 87　(4) 67
(5) 63　(6) 95　(7) 67　(8) 78
(9) 28　(10) 33

▶一の位へもくり下がりのある問題です。**くり下がりが2回になります**から，間違えないように，ていねいに計算させてください。

㉕ ひき算(2)—⑤

1 (1) 76　(2) 38　(3) 15　(4) 43
(5) 29　(6) 7

2 (1) 58　(2) 59　(3) 56　(4) 46
(5) 82　(6) 98　(7) 44　(8) 64
(9) 79　(10) 85

▶一の位の計算のために，**百の位から順にくり下げてくる問題**です。まず，百の位からくり下げて，十の位を10とし，そこから1くり下げるので，**十の位は9になること**を，しっかり確認させてください。

26 「たし算(2)」「ひき算(2)」の まとめ—①

1

(1) 124	(2) 78	(3) 65
(4) 160	(5) 121	(6) 86
(7) 163	(8) 74	(9) 73
(10) 105	(11) 159	(12) 75
(13) 48	(14) 131	(15) 77
(16) 131	(17) 75	(18) 110
(19) 135	(20) 25	

2

(1) 31	(2) 149	(3) 153
(4) 96	(5) 124	(6) 85
(7) 46	(8) 129	(9) 166
(10) 152	(11) 52	(12) 89
(13) 121	(14) 95	(15) 47
(16) 151	(17) 146	(18) 80
(19) 104	(20) 9	

指導上の注意

▶くり上がりやくり下がりがあるものとないものがまじっています。おちついて，ていねいに計算させてください。時間については，個人差が大きく出るところです。急いで間違うよりも，ゆっくりでも確実に計算させることが大事です。

27 「たし算(2)」「ひき算(2)」の まとめ—②

1 しき　67＋54＝121　答え(こた)　121人(にん)

2 しき　144－87＝57　答え　57ページ

3 しき　87＋18＝105　答え　105点(てん)

4 しき　100－63＝37　答え　37円(えん)

5 しき　105－88＝17　答え　17円

6 しき　53＋45＋37＝135
答え　135こ

▶**6**は，3つの数のたし算になります。どの順にたしても答えは同じですから，「たして何十」になるように考えて，

53＋37＋45＝90＋45
　　　　　　＝135

とすると，計算が楽になります。

㉘ 3けたの 計算 —— ①

1

(1) 500	(2) 600	(3) 900
(4) 800	(5) 700	(6) 900
(7) 800	(8) 600	(9) 900
(10) 600		

2

(1) 100	(2) 400	(3) 200
(4) 400	(5) 500	(6) 300
(7) 100	(8) 400	(9) 700
(10) 300		

㉙ 3けたの 計算 —— ②

1

(1) 379	(2) 481	(3) 645
(4) 568	(5) 794	(6) 955

2

(1) 367	(2) 176	(3) 571
(4) 845	(5) 280	(6) 678
(7) 483	(8) 982	(9) 741
(10) 665		

㉚ 3けたの 計算 —— ③

1

(1) 646	(2) 591	(3) 263
(4) 477	(5) 185	(6) 770
(7) 556	(8) 834	(9) 398
(10) 992		

2

(1) 564	(2) 319	(3) 775
(4) 971	(5) 286	(6) 471
(7) 168	(8) 679	(9) 755
(10) 870		

指導上の注意

▶「何百」＋「何百」のたし算や，「何百」－「何百」のひき算は，100がいくつになるかを考えて求めます。
指導の際には，100円玉を用いて，「5個と2個を合わせると何個になるかな」と問いかけ，次に「では，500円と200円を合わせると何円かな」と考えさせるのが効果的です。

▶けた数が異なる数の計算では，位を間違えて計算してしまうことがあります。それを防ぐには，**筆算が有効である**ことを教えてあげましょう。ここでは，一方が3けた，他方が1けたまたは2けたの数のたし算で，百の位へのくり上がりがないものだけを扱っています。百の位へのくり上がりがある問題や，2数とも3けたの問題は，3年生の学習内容ですから，2年生では扱いません。
ここでは最初から枠の中に数字が書いてあります。自分で筆算をするときには，位をそろえて書いて計算することを身につけさせてください。

31 3けたの 計算——④

1
(1) 223 (2) 732 (3) 412
(4) 953 (5) 614 (6) 367

2
(1) 115 (2) 850 (3) 538
(4) 244 (5) 619 (6) 366
(7) 908 (8) 469 (9) 728
(10) 817

32 3けたの 計算——⑤

1
(1) 753 (2) 113 (3) 847
(4) 278 (5) 627 (6) 328
(7) 505 (8) 906 (9) 411
(10) 703

2
(1) 663 (2) 566 (3) 909
(4) 128 (5) 707 (6) 248
(7) 482 (8) 816 (9) 308
(10) 914

33 「3けたの 計算」の まとめ

1 しき 500 − 300 = 200 答え 200円

2 しき 400 + 200 = 600 答え 600まい

3 しき 218 + 63 = 281 答え 281円

4 しき 187 − 29 = 158 答え 158まい

5 しき 240 − 32 = 208 答え 208円

6 しき 224 + 48 = 272
答え 272ページ

指導上の注意

▶たし算と同様に，ひき算でも筆算をすることで，計算間違いが少なくなることに気づかせてください。
ここでは，3けたの数から1けたまたは2けたの数をひくひき算を扱っていますが，百の位から十の位へのくり下がりはありません。百の位からのくり下がりがある問題は，3年生の学習内容です。

▶ここでは最初から枠の中に数字が書いてあります。自分で筆算をするときには，位をそろえて書いて計算することを身につけさせてください。

▶**5**は，サンドイッチが牛乳より32円高いのですから，牛乳はサンドイッチより32円安くなり，ひき算となります。
6は，読み終えた224ページと，まだ読んでいない48ページを合わせることになりますから，たし算となります。

34 かけ算——①

1

(1) 15 (2) 14 (3) 18 (4) 28
(5) 54

2

(1) 2，16 (2) 7，35 (3) 3，21
(4) 6，24 (5) 5，30 (6) 7，63
(7) 9，18 (8) 8，24 (9) 5，35
(10) 8，32

指導上の注意

▶同じ数を何回もたすとき，簡単に計算する方法として，かけ算を用います。
全体の数＝何個ずつ×いくつ分
で求めます。
ここでは，かけ算の答えをたし算で求めています。

35 かけ算——②

1

(1) 5 (2) 10 (3) 15 (4) 20
(5) 25 (6) 30 (7) 35 (8) 40
(9) 45 (10) 5

2

(1) 15 (2) 25 (3) 20 (4) 40
(5) 5 (6) 30 (7) 10 (8) 45
(9) 35 (10) 25 (11) 40 (12) 20
(13) 5 (14) 30 (15) 15 (16) 35
(17) 10 (18) 45 (19) 35 (20) 25

▶かけ算の５の段です。まず，同じ数を何回もたすことは大変だから，その計算結果を覚えてしまうために九九を覚えるのだということをご指導ください。
５の段の特徴としては，答えが５ずつふえることと，一の位は必ず５か０であることを気づかせてください。

36 かけ算——③

1

(1) 2 (2) 4 (3) 6 (4) 8
(5) 10 (6) 12 (7) 14 (8) 16
(9) 18 (10) 2

2

(1) 2 (2) 8 (3) 14 (4) 10
(5) 6 (6) 16 (7) 4 (8) 12
(9) 18 (10) 6 (11) 14 (12) 4
(13) 12 (14) 2 (15) 16 (16) 8
(17) 10 (18) 18 (19) 8 (20) 14

▶かけ算の２の段です。「にいちが２」「にしが８」のように，「が」がはいるのは，答えが１けたのときです。２けたのときには，はいりません。
また，２の段の答えは２ずつふえます。

37 かけ算──④

1

(1) 3	(2) 6	(3) 9	(4) 12
(5) 15	(6) 18	(7) 21	(8) 24
(9) 27	(10) 3		

2

(1) 6	(2) 18	(3) 24	(4) 12
(5) 9	(6) 27	(7) 3	(8) 15
(9) 21	(10) 6	(11) 24	(12) 15
(13) 9	(14) 12	(15) 27	(16) 18
(17) 3	(18) 21	(19) 18	(20) 24

指導上の注意

▶かけ算の３の段です。答えは３ずつふえます。

38 かけ算──⑤

1

(1) 4	(2) 8	(3) 12	(4) 16
(5) 20	(6) 24	(7) 28	(8) 32
(9) 36	(10) 4		

2

(1) 8	(2) 16	(3) 4	(4) 24
(5) 32	(6) 20	(7) 12	(8) 36
(9) 28	(10) 4	(11) 24	(12) 12
(13) 32	(14) 20	(15) 28	(16) 36
(17) 8	(18) 16	(19) 24	(20) 28

▶かけ算の４の段です。答えは４ずつふえます。
九九を覚えるときは，くり返し声に出して言うことが大事です。

39 かけ算──⑥

1

(1) 6	(2) 12	(3) 18	(4) 24
(5) 30	(6) 36	(7) 42	(8) 48
(9) 54	(10) 6		

2

(1) 12	(2) 24	(3) 30	(4) 42
(5) 6	(6) 54	(7) 18	(8) 48
(9) 36	(10) 30	(11) 12	(12) 42
(13) 6	(14) 24	(15) 48	(16) 18
(17) 36	(18) 54	(19) 42	(20) 48

▶かけ算の６の段です。答えは６ずつふえます。

40 かけ算 — ⑦

1

(1) 7	(2) 14	(3) 21	(4) 28
(5) 35	(6) 42	(7) 49	(8) 56
(9) 63	(10) 7		

2

(1) 21	(2) 35	(3) 49	(4) 14
(5) 42	(6) 7	(7) 56	(8) 28
(9) 63	(10) 14	(11) 49	(12) 7
(13) 28	(14) 56	(15) 35	(16) 21
(17) 63	(18) 42	(19) 56	(20) 28

指導上の注意

▶かけ算の７の段です。答えは７ずつふえます。７の段の九九は言いにくいので，はっきりと声に出して言うことが大事です。

41 かけ算 — ⑧

1

(1) 8	(2) 16	(3) 24	(4) 32
(5) 40	(6) 48	(7) 56	(8) 64
(9) 72	(10) 8		

2

(1) 32	(2) 8	(3) 16	(4) 48
(5) 24	(6) 64	(7) 40	(8) 72
(9) 56	(10) 16	(11) 32	(12) 8
(13) 64	(14) 48	(15) 56	(16) 72
(17) 40	(18) 24	(19) 32	(20) 48

▶かけ算の８の段です。答えは８ずつふえます。
かけ算では，かけられる数とかける数を入れかえても，答えは同じ，すなわち，**交換法則**が成り立ちます。このことを理解させると，九九を覚える手助けとなります。

42 かけ算 — ⑨

1

(1) 9	(2) 18	(3) 27	(4) 36
(5) 45	(6) 54	(7) 63	(8) 72
(9) 81	(10) 9		

2

(1) 18	(2) 63	(3) 81	(4) 36
(5) 9	(6) 45	(7) 72	(8) 54
(9) 27	(10) 9	(11) 63	(12) 72
(13) 45	(14) 27	(15) 18	(16) 54
(17) 81	(18) 36	(19) 27	(20) 63

▶かけ算の９の段です。答えは９ずつふえます。
九九が順に言えるようになったら，九九81，九八72，九七63，…のように，大きい順に言ったり，ランダムに出題して答えさせたりすることが効果的です。

43 かけ算──⑩

1

(1) 1	(2) 2	(3) 3	(4) 4
(5) 5	(6) 6	(7) 7	(8) 8
(9) 9	(10) 1		

2

(1) 1	(2) 3	(3) 6	(4) 9
(5) 4	(6) 8	(7) 2	(8) 5
(9) 7	(10) 6	(11) 1	(12) 4
(13) 8	(14) 3	(15) 9	(16) 2
(17) 5	(18) 7	(19) 4	(20) 8

指導上の注意

▶かけ算の1の段です。答えは1ずつふえます。
1の段では，答えはかける数に等しくなります。また，かける数が1のとき，答えはかけられる数になることも，あわせてご指導ください。

44 かけ算──⑪

1

(1) 20	(2) 80	(3) 50	(4) 40
(5) 70	(6) 30	(7) 60	(8) 90
(9) 80	(10) 50		

2

(1) 55	(2) 24	(3) 48	(4) 99
(5) 77	(6) 96	(7) 26	(8) 65
(9) 98	(10) 90		

▶九九の延長として，12程度までの数のかけ算を扱っています。
3×12の答えは，3を12個集めた数です。これを，3を10個と3を2個に分けて考えることで，

$$3\times12=3\times10+3\times2$$

として計算しています。これは，かけ算の筆算と同じ考え方です。

45 かけ算──⑫

1

(1) じゅんに　6，6，66
(2) じゅんに　4，2，48

2

(1) 55	(2) 72	(3) 84	(4) 99

3

(1) 70	(2) 20	(3) 60
(4) 90	(5) 44	(6) 60
(7) 84	(8) 66	(9) 88
(10) 108	(11) 44	(12) 60
(13) 77	(14) 72	(15) 96
(16) 78	(17) 52	(18) 84
(19) 48	(20) 120	

▶12×3の答えは，12を3個集めた数ですから，

$$12\times3=12+12+12=36$$

となります。これを，分配法則を用いて，

$$12\times3=(10+2)\times3$$
$$=10\times3+2\times3=36$$

としています。
交換法則や分配法則は，「計算のきまり」として，3年生で学習します。
また，かけ算の筆算も，3年で学習します。筆算のもとになる計算の仕方を，ここで学んでいます。

46「かけ算」の まとめ――①

1

(1) 6	(2) 35	(3) 24	(4) 9
(5) 24	(6) 10	(7) 28	(8) 32
(9) 42	(10) 20	(11) 8	(12) 6
(13) 64	(14) 54	(15) 10	(16) 6
(17) 5	(18) 21	(19) 63	(20) 45

2

(1) 2	(2) 12	(3) 30	(4) 35
(5) 16	(6) 4	(7) 48	(8) 14
(9) 18	(10) 8	(11) 20	(12) 27
(13) 56	(14) 36	(15) 7	(16) 15
(17) 3	(18) 56	(19) 18	(20) 27

47「かけ算」の まとめ――②

1

(1) 2	(2) 18	(3) 12	(4) 49
(5) 6	(6) 40	(7) 28	(8) 21
(9) 16	(10) 3	(11) 24	(12) 40
(13) 7	(14) 72	(15) 9	(16) 5
(17) 14	(18) 32	(19) 30	(20) 54

2

(1) 8	(2) 15	(3) 16	(4) 42
(5) 45	(6) 63	(7) 4	(8) 18
(9) 12	(10) 8	(11) 36	(12) 25
(13) 72	(14) 4	(15) 9	(16) 36
(17) 24	(18) 12	(19) 48	(20) 81

指導上の注意

▶かけ算の復習です。1×1を除く80問を，4ページに振り分けてあります。

▶覚え間違えのないように，確実にできるようにさせてください。

48「かけ算」の まとめ―③

1

(1) 12	(2) 8	(3) 10	(4) 21
(5) 9	(6) 24	(7) 4	(8) 56
(9) 30	(10) 24	(11) 36	(12) 42
(13) 45	(14) 12	(15) 20	(16) 3
(17) 48	(18) 15	(19) 14	(20) 6

2

(1) 20	(2) 3	(3) 32	(4) 18
(5) 40	(6) 18	(7) 4	(8) 8
(9) 6	(10) 35	(11) 64	(12) 54
(13) 12	(14) 14	(15) 5	(16) 56
(17) 32	(18) 27	(19) 63	(20) 16

指導上の注意

▶かけ算の計算練習は，くり返し行うことが大事です。ここからの4ページでも，1×1を除く80問を出題しています。

49「かけ算」の まとめ―④

1

(1) 5	(2) 9	(3) 7	(4) 36
(5) 28	(6) 8	(7) 30	(8) 48
(9) 18	(10) 40	(11) 27	(12) 4
(13) 12	(14) 35	(15) 2	(16) 42
(17) 72	(18) 36	(19) 21	(20) 15

2

(1) 2	(2) 6	(3) 28	(4) 7
(5) 16	(6) 25	(7) 9	(8) 8
(9) 49	(10) 72	(11) 6	(12) 24
(13) 63	(14) 10	(15) 54	(16) 45
(17) 16	(18) 24	(19) 81	(20) 18

▶九九の計算は，確実にできるようにさせてください。

50 「かけ算」の まとめ —— ⑤

1 しき　2×8＝16　答え　16こ

2 しき　3×5＝15　答え　15こ

3 しき　8×6＝48　答え　48ページ

4 しき　6×9＝54　答え　54こ

5 しき　7×4＝28　答え　28日

6 しき　4×9＝36　答え　36人

指導上の注意

▶かけ算の式は，

　何個ずつ×いくつ分

でつくります。

6は，4人ずつで，長いすが9つですから，4×9となります。なお，いすをかぞえるときは「脚」を用いますが，2年生であることを考慮して，「9つ」としています。

51 「かけ算」の まとめ —— ⑥

1 しき　6×5＝30　答え　30人

2 しき　5×8＝40　答え　40人

3 しき　4×7＝28　答え　28こ

4 しき　3×12＝36　答え　36cm

5 しき　8×7＝56　答え　56こ

6 しき　9×6＝54　答え　54へや

▶**5**は，8個ずつ，7箱分ですから，8×7になります。

6も同様で，9部屋ずつ，6階分ですから，9×6になります。

52 2年の まとめ —— ①

1 しき　79＋63＝142　答え　142人

2 しき　102－85＝17
答え　みひろさんが17回多い

3 しき　116－28＝88　答え　88人

4 しき　218＋63＝281　答え　281円

5 しき　50－38＋90＝102
答え　102まい

6 しき　176－87－18＝71
答え　71ページ

▶**3**は，きのう美術館にはいった人の数を□で表すと，

　□＋28＝116

となります。これより，

　□＝116－28＝88

このように，わからない数を□とおくと，式がつくりやすくなることがあります。

53 2年の　まとめ——②

1 しき　4×7＝28　答え（こた）　28人（にん）

2 しき　6×3＝18　答え　18こ

3 しき　8×9＝72　答え　72本（ほん）

4 しき　6×5＝30　答え　30本（ぼん）

5 しき　7×8＝56
答え　56㎜，5㎝6㎜

6 しき　4×2×5＝40　答え　40さい

指導上の注意

▶**5**では，㎝と㎜の関係を用いています。10㎜＝1㎝であることを確認させてください。
6は，3つの数のかけ算になります。式を2つに分けて，
おねえさんは，4×2＝8（さい）
おとうさんは，8×5＝40（さい）
として求めることもできます。

54 2年の　まとめ——③

1 しき　9×4＋5＝41　答え（こた）　41さい

2 しき　8＋(6×5)＝38　答え　38へや

3 しき　6×8＋84＝132　答え　132円（えん）

4 しき　120－(9×7)＝57
答え　57本（ほん）

5 しき　(4×6)＋(3×9)＝51
答え　51こ

6 しき　100－(8×7)＝44
答え　44円

▶たし算，ひき算，かけ算のまじった問題です。式を2つ，または，3つに分けることもできます。
なお，2年生では，（　）を省略することはしませんから，必ずつけるようにしてください。